[illegible]国庆 著

MIND MAPPING THIS WAY

别说你懂

思维导图

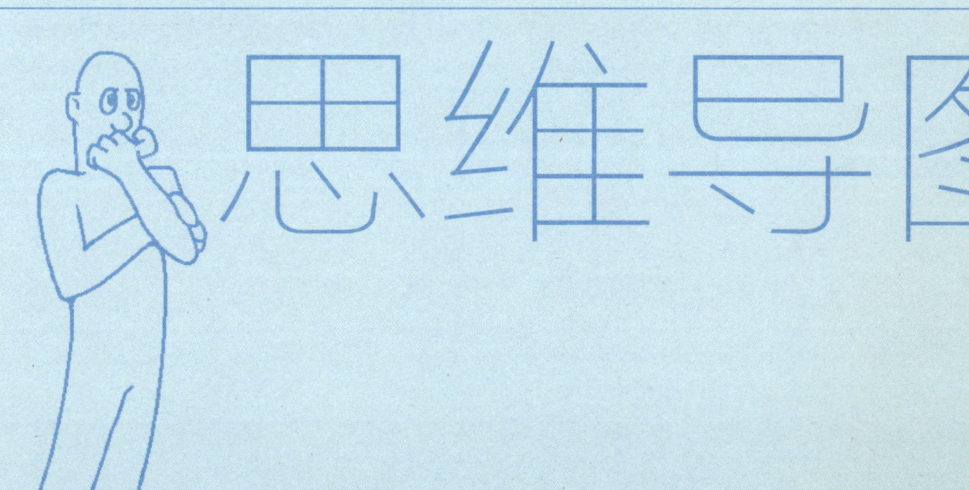

人民邮电出版社
北京

图书在版编目（CIP）数据

别说你懂思维导图 / 赵国庆著. -- 北京 : 人民邮电出版社, 2015.3
ISBN 978-7-115-38705-9

Ⅰ. ①别… Ⅱ. ①赵… Ⅲ. ①思维方法－通俗读物 Ⅳ. ①B804-49

中国版本图书馆CIP数据核字(2015)第047896号

内容提要

思维导图作为一种支持学习和工作的高效工具，从问世以来就风靡全球。但不少人对思维导图的认识往往停留在浅表层次，因而对其产生了一些误解，其作用也往往被夸大，这都导致思维导图未能发挥其真正的价值。

本书认为，思维导图的重点不在“图”，而在“思维”，或者说是“图导思维”。思维导图的核心价值是激发思维和整理思维，核心特征是非线性和可视化。本书详细讲解了思维导图的理论、操作和应用，并就思维导图爱好者广泛关注的话题展开了深入的分析和讨论。

本书适合所有对思维导图、思维可视化以及思维训练感兴趣的人。不仅可以作为各级各类教师特别是中小学教师的专业发展读物，也可以作为高校本科或研究生的思维教育通识课教材，还可以作为企事业员工、学生家长自学思维导图的枕边书。

本书受教育部人文社会科学研究青年基金项目（项目批准号：14YJC880117）的支持和资助。

◆ 著　　　　赵国庆
　责任编辑　李　莎
　责任印制　杨林杰

◆ 人民邮电出版社出版发行　　北京市丰台区成寿寺路 11 号
　邮编　100164　　电子邮件　315@ptpress.com.cn
　网址　http://www.ptpress.com.cn
　北京隆昌伟业印刷有限公司印刷

◆ 开本：700×1000　1/16
　印张：14　　　　　　2015 年 3 月第 1 版
　字数：206 千字　　　2015 年 3 月北京第 1 次印刷

定价：49.00 元

读者服务热线：(010)81055410　印装质量热线：(010)81055316
反盗版热线：(010)81055315

推荐序 1

差不多先生需要思维拐杖

看了赵国庆的书稿《别说你懂思维导图》，不禁让我想起 1918 年胡适写的一篇传记题材寓言《差不多先生传》，意在讽刺中国社会常见的那些处事不认真、不严谨的人。其中道："差不多先生的相貌和你和我都差不多。他有一双眼睛，但看的不很清楚；有两只耳朵，但听的不很分明；有鼻子和嘴，但他对于气味和口味都不很讲究。他的脑子也不小，但他的记性却不很精明，他的思想也不很细密。"

1931 年，陶行知在他编辑的科学普及读物里写了篇"笼统哥"，引发他写这篇"笼统哥"的是，有一天，一个学生高兴地跑来告诉陶行知："蛇被王三伯咬啦！"陶行知一时没弄明白是怎么回事，仔细询问才知道，原来，被蛇咬过的王三伯伤好后下地捉蛇，把捉到的大蛇剥皮后烧着吃掉了。这个学生想用这句话表达这个过程，结果是让人丈二和尚摸不着头脑。于是，陶行知创作了个"笼统哥"，说他是混沌国，含混省，糊涂县，囫囵村人。有一天，"笼统哥"到科学园去玩。谈话间，有人问他："多大年纪？"他说："几十岁了。"人问："有几个儿子？"他说："好几个。"人问："你母亲多大岁数？"他说："已老了。"人问："你一个月能挣多少钱？"他说："不很多。"人问："你一顿吃几碗饭"他说："很不少。"再问他："贵国离这里有多远？"他说："很远很远。"

胡适和陶行知所描写的"差不多先生"和"笼统哥"现象是中国人身上的顽症，当今仍有不少这种人，甚至一些戴上硕士帽或博士帽的人中也不乏其人。他们的创作与讽刺都是希望中国人以科学、缜密的态度对人对事，反对含含糊糊、模棱两可。然而，近百年来这个目标还未达到。

现今不少人的"差不多"和"笼统"的主要原因有二：一就是这种马虎态度；二是缺少严格的逻辑思维训练。对于前者，自然需要每个人端正态度；对于后者，还需要经过相应的过程，找到适当的方法，学会运用思维。思维导图就是帮助人学会思维的一根拐杖。

本书作者在读博士阶段开始对思维导图和概念图的研究发生兴趣，十余年来把最宝贵的青春时段用来做这方面的研究和推广，在对众多人的培训过程中，通过互动和思辨已经把这一领域的问题研究得比较透彻、完整、清晰。现在，他把自己十余年辛勤汗水的结晶写成一本书，以比较简明的方式向读者介绍，以期解决更多人提出的关于如何提升思考力和学习力的问题，从而提高更多人的学习和工作效率，这确实是一件很有价值的事，又是众多人所急切需要的。

思维导图的适用性比较广泛，凡想改善自己的思维能力和技巧的人都可以灵活使用。不少人的思维不够全面、深刻并非是自愿的，而是在遇到具体问题时，由于缺乏思维的基本能力和技巧，以自己的肤浅和狭隘认识当作已经思考到位了。此时，思维导图可以作为一种检验工具，也可作为催化剂，促进一个人在使用它后将思维引向更加深入和全面。

学习使用思维导图的过程并不难，人们能否使用好它，在很大程度上是由想不想用决定的，而非会不会用。一旦学会使用，它就能成为人们很好的帮手。使用者需要注意的是，思维导图永远只是个工具，只是个台阶。客观事物的逻辑和内在机理要比思维导图更复杂，还需要通过更多的实证；人的思维特性也不完全依着导图的形式千篇一律，每个人的思维都会带有其独特性。因此，人们在使用这个工具时不要为其所囿，只把它当作登堂入室的钥匙就好。入室之后，要想办法让自己的思维达到更高境界，在运用思维导图工具的同时，还要充分发挥自己思维的优势。这就如同 100 位木匠用斧头，斧头是一样的，工匠的手艺高低是不一样的，制造出来的家具也是不一样的，因此，能否充分有效地用好思维导图，最终还是由每个人自己决定的。

储朝晖

（中国教育科学研究院研究员）

2015/1/23 于北京

推荐序 2

图导思维，正本清源

赵国庆博士关于思维导图的书即将付梓出版，他要我也写几句话。作为一名普普通通的小学校长，我深感压力巨大，但依然勇敢地应邀了。原因有这么几点：思维导图让我与我们学校的发展规划更清晰；我与我的同事们应用思维导图已有了一定的经验；我们希望更多的人能够在赵博士的引领下用对思维导图，用好思维导图。

2012 年冬天，我参加教育部第 53 期小学校长培训班的学习，有幸聆听了赵国庆博士关于思维训练的讲座。那时，我正在为撰写学校的中长期发展规划而苦苦思索。此前，学校引进了启发潜能教育理念更新学校文化，取得了一定成绩，获得了 2012 年度国际启发潜能教育大奖。但是，启发潜能教育理念如何落实？学校如何实现优质可持续的发展？我虽然有很多的思考，文案写了一万多字，但仍然觉得缺乏一个清晰的架构。那天，赵博士约我一起吃饭，我们在北师大的饭堂里边吃边聊，他告诉我：用思维导图画出来，很清晰的。吃完饭，他用十几分钟做了一个示范，用思维导图把我在吃饭时谈的内容很快就整理出了一个框架。他告诉我：这样可视化出来的东西，既简洁，又清晰。听了赵博士的建议，我边学边绘，边思考边完善，越绘越熟练，思考越清晰。当为期一个月的培训结束的时候，我已非常熟练使用思维导图及 iMindMap 软件，名为"华成小学知行合一的精致教育"的学校中长期发展规划已成为一幅清晰的思维导图。两年来，学校教育教学质量不断提升，"精致教育"文化已然融入师生潜意识，这幅思维导图也不断得到修改完善。

2013 年，我们就在赵博士的指导下开始了思维训练的探索，思维导图是最先引进的思维工具，也是在学科学习与日常活动中应用最多的思维工具。在阅读活动中，我们应用思维导图引导学生进行文本的分析与感悟；在习作教学中，我们指导学生用思维导图来激活思路、理清写作顺序；在数学单元学习中，我们指导学生用思维导图进行知识点整合；在英语学习中，我们探索用思维导图帮助学生进行文本再构；在班队活动中，我们指导班队干部用思维导图编制活动筹备分工等。这些应用实践给了我们许多的启发，也印证赵博士给我们的指导，即思维导图是思维工具，它的意义在于激活思维、整理思维、提升思维。

但是，仍然有很多人在误用思维导图，有些是自己没有理解透其背后的“思维训练”的意义，有些则是受商业培训机构的误导，由教师创作好提供给学生看，只是把思维导图作为知识呈现或记忆的工具。我们应用越多，跟赵博士思想碰撞就越多，看到报纸上、网络上各类“思维导图学习法”的宣传越多，我们就越觉得要有一本对思维导图以及思维导图学习法进行“正本清源”的书籍。赵博士的《别说你懂思维导图》就是这样一本书，他用朴实易懂的语言、生动丰富的案例，把思维导图的起源与理论基础、思维导图的应用技巧与注意事项、思维导图与其他思维图示的关系娓娓道来，让读者对思维导图的“形”“神”“道”“术”有一个清晰的认识，强调了思维导图“图导思维”而非“图示知识”的根本要求。

那么，让思维导图不断激活我们的思维，引领我们走向思想自由的王国。在此，非常感谢赵博士对我们一线教师的帮助，祝贺赵博士“正本清源”之作《别说你懂思维导图》正式出版！

郭海英（天河区华成小学校长）

2015 年 1 月 26 日

作者序

思维导图：思维成长的忠实助手

我与思维导图

第一次接触思维导图是在 2003 年，当时我刚刚由攻读硕士转为提前攻读博士。由于直接跳过了硕士毕业论文的训练，面对挑战激增的博士阶段的学习和研究，我感到非常茫然，从“做什么”到“怎么做”都充满着深深的恐惧。也正是在这艰难的时刻，我的导师黄荣怀教授带我走进了思维导图和概念图研究的新领域。从第一次接触思维导图至今已有十多年了，这期间我个人身上发生了巨大的变化：一方面，我博士毕业留校任教，实现了从学生向老师的身份转变；另一方面，我从事的具体工作也从当初的软件工程师过渡到软件项目经理，后来再进一步转变为教师、培训师和研究生导师。如果说以上的转变都是年龄增长带来的必然结果的话，那么真正的也是最大的转变是我的研究兴趣和研究领域，我从当初高度关注计算机世界转为高度关注人类世界，从高度关注计算机是如何工作的转为高度关注人类是如何思考的，从高度关注如何通过编程让计算机更好地为人类服务转为高度关注如何提升人的思考力和学习力从而更高效地学习和工作。

这一转变是艰难的，也是幸福的。可以说，思维导图是这一转变过程的催化剂，也是这一转变过程中最为亲密而又最忠实的朋友。在这十余年中，思维导图始终陪伴着我，对我的影响不言而喻。首先，思维导图是我学习和工作的重要帮手，每每遇到复杂的工作需要处理，晦涩的知识需要理解，艰难的选择需要抉择，我都会在第一时间想到思维导图，用它计划工作、整理知识或做分析决策，我的博士论文的顺利完成就是一个典型的例子。其次，思维导图是我的研究对象之一，从博士生就读开始，我相继在思维导图、概念图、知识可视化、思维训练及学习力领域发表了系列论文，这些论文获得了较高的关注度，从而也帮助我逐渐形成了稳定的研究方向。最后，思维导图还是我的谋生手段之一，在这些年中，我为中小学校长培训班、骨干教师培训班等开展了大量的以思维导图为主题或者与思维导图相关的培训，培训收入对处于艰难的“青椒期”（青椒，是高校青年教师的简称，通常是指初入职场、年龄小于40岁、中初级职称的一类人群）的我来说犹如雪中送炭。

思维导图是高效的思维工具

思维导图对我十年来的成长功不可没，但它给我带来的影响还远远不止这些。我认为，思维方式上的改变才是思维导图带给我的最大财富。

第一，思维导图是可视化思维工具。人的思维在大脑中进行，看不见摸不着，让思维可视化是认识思维并训练思维的第一步。思维导图作为一种方便快捷的可视化思维工具，能帮助人们将思考过程中的片段以及思考的结果可视化呈现出来，从而为反思和改进提供了物质载体。从这个意义上看，思维导图也是元认知支持工具。

第二，思维导图是非线性思考工具。常言道，千言万语不如一张图，一图胜过千言。之所以如此，是因为语言和文字是线性的，而图是非线性的。对于复杂关系的描述，语言和文字总显得力不从心，一张图却能清晰地表达出文字表达不出的意思。思维导图作为思维的图示工具，其非线性特征，帮助人们得以从语言文字的线性枷锁里摆脱出来，放飞思维。

第三，思维导图是思维激发工具。传统的头脑风暴从一个主题出发联想出更多的相关主题，本质上依然是线性激发。在思维导图的帮助下，图上的每一个节点都可以作为新的思维激发起点，从而为拓展思维创造了更多的可能。

第四，思维导图是思维整理工具。思维整理犹如房间整理，或者电脑磁盘的碎片整理。在经历了思维激发的过程之后，我们获得了大量的思维材料，但是停留在这个阶段是没有意义的，因为琐碎的思维材料并不能构成意义并形成价值。因此，我们需要利用思维导图做进一步的整理、归类、合并或舍弃，让思维从“有物”走向“有序”。此外，思维导图工具软件也为思维整理提供了最大程度的便利。

第五，思维导图是系统思考工具。传统的思维往往是局部的、碎片的，思维导图展现的整体与全景，让我们的思维得以系统化，规避了“盲人摸象”的窘境。

第六，思维导图还是高效的交流沟通工具。人和人之间的分歧和误解源自双方理解上的偏差，而理解上的偏差又源自思考问题时的语境。思维导图展现的不是一个孤立的概念或想法，而是一个更为丰富的语境，这为提升沟通效率、快速达成一致提供了可能。

总之，思维导图是革命性的思维工具，它带来的思维方式的改变是面向未来的。毫无疑问，掌握了思维导图这把利器，我们将长期享用其带来的思考“红利”。

合理期待与理性应用

近十年来，思维导图走进人民大众，受到了越来越多的教师、学生和工作人员的欢迎。然而，在某些社会培训机构的夸大宣传下，思维导图被包装成“包治百病”的灵丹妙药，这让人们对思维导图有了很多不切实际的期待，反过来影响了思维导图的声誉，并阻碍了人们的合理使用。因此，一方面，我们不能轻信社会上的夸张、虚假宣传；另一方面，我们也不能因噎废食，由于上了虚假宣传的当就弃之不用。我们要做的是：透过现象看本质，还原思维导图的本来面目，科学、理性地去应用，只有这样，才能让其为我们的教育、学习和工作服务。

本书内容及结构

为了帮助思维导图初学者、爱好者和研究者更好地认识和应用思维导图，我将自己应用思维导图的体会和感悟写成这本书，以期与各位读者交流探讨。由于本书是针对思维导图一些具体问题的思考，称之为学习反思或许更为合适。

本书分为四篇：理论篇、操作篇、应用篇和观点篇。理论篇重点阐述思维导图背后的原理，即思维导图“为什么有用”的问题；操作篇重点阐述思维导图制作中的规则规范，引导您一步一步做出像样的思维导图，即“如何做”的问题；应用篇介绍思维导图在自我分析、教育、学习、工作中的典型应用以及应用背后的理论支持，即“应用场景”的问题；观点篇实则本书的重点，书中将围绕思维导图的一系列争论展开讨论，并在知识可视化和思维训练的语境中论述思维导图，从而还原思维导图一个真实的定位，也为思维导图的深入应用寻找新的方向。为了让思维导图的初学者也能从本书快速起步，本书特地增加了软件实操部分，通过任务驱动的方式详细讲解了 iMindmap 和 MindManager 两款软件的使用。但考虑到软件操作部分与正文的风格有异，因此作为附录呈献给读者。

阅读建议

本书适合所有对思维导图、思维可视化以及思维训练感兴趣的人！不仅可以作为各级各类教师特别是中小学教师的专业发展读物，也可以作为高校本科生或研究生的思维教育通识课教材，还可以作为企事业员工、学生家长自学思维导图的枕边书。

不同类型的读者在阅读本书时可以有不同的顺序和侧重点。对于将此书作为思维导图启蒙读物的读者来说，先读理论篇第一章是比较适合的，之后可以读操作篇和应用篇，在参照附录的软件操作制作一批思维导图后，再回过头来读理论篇的剩余章节以及观点篇。而对于那些有过思维导图使用经验并对思维导图有一定感悟的读者，建议重点读理论篇和观点篇即可，其余章节也可简单浏览。

期待大家有个好的阅读体验并有所收获！

是为序！

赵国庆

2014 年 8 月 31 日于北京师范大学图书馆

Contents 目录

第二篇 操 作

第三篇 应 用

第四篇 观 点

第一篇

理　论

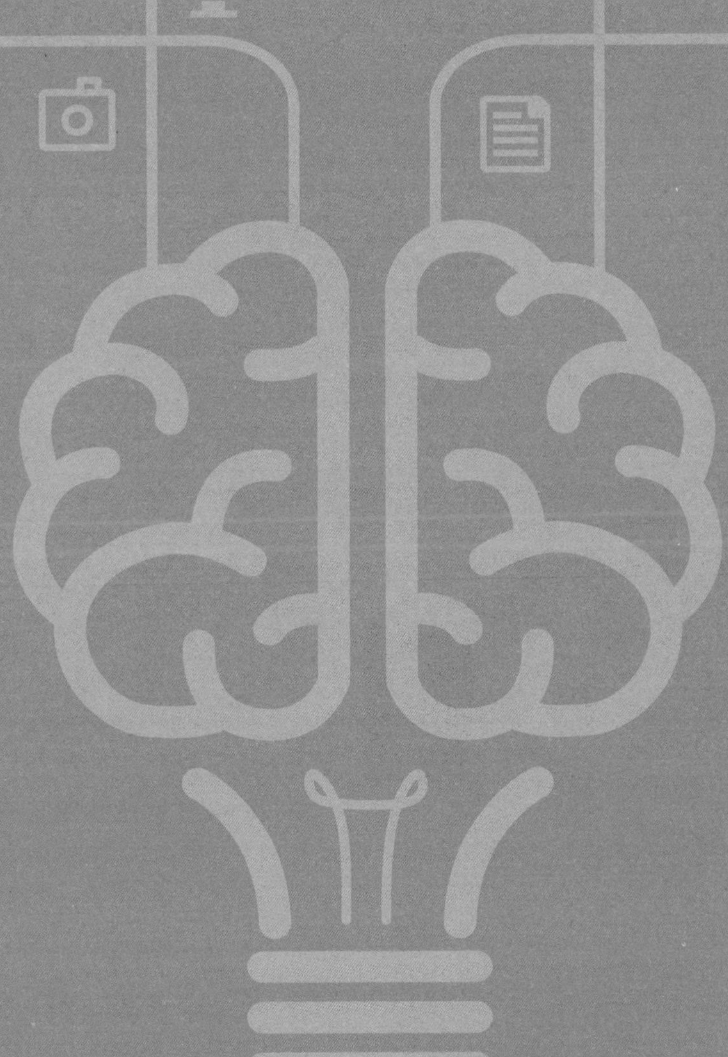

第一章 初来乍到——如何读图

万事开头难，学习思维导图也一样。对于初学者来说，思维导图是神秘的，为了消除这种神秘感，本章将首先介绍描述思维导图的几个术语，然后教您如何读图，在此基础上带您认识思维导图的“潜规则”，从而为您揭开思维导图的神秘面纱。

描述思维导图的几个术语

为了说明思维导图的组成，我们需要先介绍与思维导图相关的几个术语，它们是：中心主题、主节点、父节点、子节点、主分支和子分支。下面就以本人用作自我介绍的一张思维导图为例来说明（见图 1）。

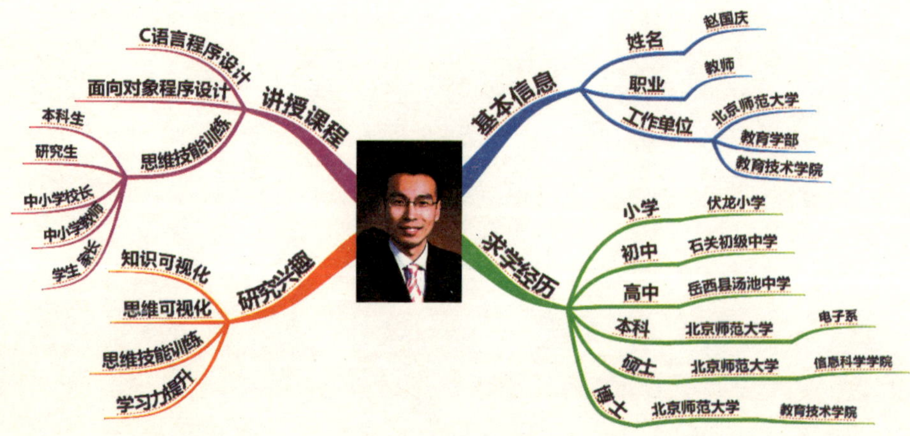

图 1　自我介绍的思维导图

中心节点（中心主题）——思维导图要表达的核心内容，通常位于思维导图的中心（在分支数量小于或等于 3 时可以采用右侧布局，此时中心主题就位于左边了）。由于本图是用来做自我介绍的，所以用了我的照片来表示中心主题。中心主题也可以用文字来表示，那样就可以写成“赵国庆的自我介绍”，“基本信息”分支下的姓名就成了冗余信息，需要删除。

主节点——直接隶属于中心节点的下一级节点，也是整个思维导图的一级节点。图 1 中包含“基本信息”“求学经历”“研究兴趣”和“讲授课程”4 个主节点。

父节点和子节点——处于相邻层级的相连的两个节点构成父子关系，如图 1 中“姓名”是“基本信息”的子节点，“基本信息”是“姓名”的父节点。

主分支——直接隶属于中心主题的节点及其节点的子孙节点构成的分支，也称为一级分支。图 1 中包含了“基本信息”“求学经历”“研究兴趣”和“讲授课程”4 个主分支，共同构成了这幅思维导图的骨架。

子分支——隶属于某个非中心节点的分支都可以称为该节点的子分支。如图 1 中“工作单位”所在的分支就是“基本信息”所在分支的子分支。需要说明的是，节点和分支是两个不同的概念，节点仅仅局限于节点本身，分支则指的是节点及其子孙构成的整体。

思维导图的读图顺序

对人类来说，最好的学习方式是模仿，大到治国之策，小到一个具体技能，莫不如此。婴儿能在不到两年的时间里熟练掌握母语就源自于不厌其烦的模仿，我国清朝末年曾发起的“洋务运动”的核心指导思想“师夷长技以制夷”也无非就是“模仿”。我们不可低估模仿的威力，要创新先模仿，把模仿做到极致后，创新自然不期而至。

要想掌握思维导图这一思考工具，最好的学习方式也是从模仿开始。这就要求我们先学会读图，从别人优秀的思维导图中获取思想，思考别人为什么这么画图以及为什么如此思考，只有这样才能捕捉到别人绘制的思维导图背后的丰富内涵。

因此，在讲述如何制作和应用思维导图之前，我们要先教大家如何读图。我总结了以下几点心得供大家参考。

1. 了解主题——从中心开始读取中心主题

当一幅思维导图放在我们面前的时候，最好的方式是从中心读起。这是因为每一幅思维导图都有一个唯一的中心主题，其余的都是为中心主题服务的。那么为什么需要中心主题呢？因为人的思维最大的问题之一是容易偏离主题，偏离给我们的学习、生活和工作带来了很大的困扰。我们或许都经历过这样的场景：几个人约好一起开会讨论工作，但一见面就不经意唠起了家常，话题随之越来越分散，参会者也就越来越兴奋，快到会议结束时才猛然发现真正要讨论的问题还没开始。偏离主题是众多会议效率不高的根本原因之一（还有其他原因，如后面要讲到的对抗性思考）。个人同样也容易偏离主题，本来计划好要做一件事，中途一件事情插进来，再回来时就把原先计划要做的事情忘到九霄云外了。

思维导图的中心主题帮助我们设置了思考的焦点，时时刻刻提醒我们真正要做的是什么，并时刻审视子节点所代表信息与中心主题的关系，这在很大程度上防止了思维的偏离。我参加过太多严重偏离主题的会议，深感痛苦。后来我在开会的时候经常干的一件事就是用思维导图做会议记录，把会议的主题和参会人员说过的观点都画到思维导图上，同时用投影投到大屏幕上，此时会场发生了很大的变化，参会人员大多会紧紧地盯着大屏幕，针对会议主题进行深层次讨论，在很大程度上也避免了重复和遗忘。

2. 把握整体——从右上角 45° 开始，沿顺时针方向寻找主分支之间的内在联系

在读完中心主题并对思维导图有了整体期待后，我们接下来往哪看？我的建议是从右上角 45° 的主分支开始，沿着顺时针的方向看。在看的过程中，不断去思考每一个主节点与中心节点间的关系以及主节点之间的相互关系。

3. 读取细节——先父后子，先一般后具体，从内而外

在整体把握了思维导图的内在逻辑后，就可以进一步去读取细节了。这时我们可以一个分支一个分支地仔细研读，在主分支内，我们可以按照先父节点后子节点，先一般后具体，从内而外的顺序读取信息。

4. 识别关联——理解跨越不同分支的连线所代表的含义

有很多思维导图并不是简单的树形结构，而是包含很多跨越不同分支间的连线的网状结构。我们认为，每一条连线都是一条思考的路径，既然作图者画了这条线，读图者就该去想想为什么会画这条线。

5. 修订补充

最后一步就是根据自己的理解对作者的原图进行修订和补充了，这样你就可以在前人的基础上，形成一幅拥有自己见解的思维导图。对于具体如何绘图，我们会在后面的章节做详细的阐述。

当然，我们主张这么读图还需要一个前提，那就是图的作者也是按照这个思路来组织内容的。但实际情况并没有这么乐观，我们发现网上有很多思维导图都是严重缺乏内在逻辑顺序的，这样的思维导图是令人头痛的。

思维导图的“潜规则”

我为什么建议从右上角开始以及沿顺时针方向读图呢？这里有两方面的考虑：一是思维导图必须要有良好的内在逻辑顺序，否则读图就存在着很大的逻辑障碍；二是越来越多的思维导图软件也都遵循这个顺序。以最为强大的商业思维导图软件 MindManager 为例（见图 2），在随机添加几个主分支以后，为各分支添加自动数字编号，你会发现右上角的主分支编号为 1，二级分支编号为 1.1，然后沿着顺时针方向递增。可见，“层级关系”“右上角开始”“顺时针方向”已经成为思维导图绘制的潜在规则了，我们就把它当作思维导图的“潜规则”吧！

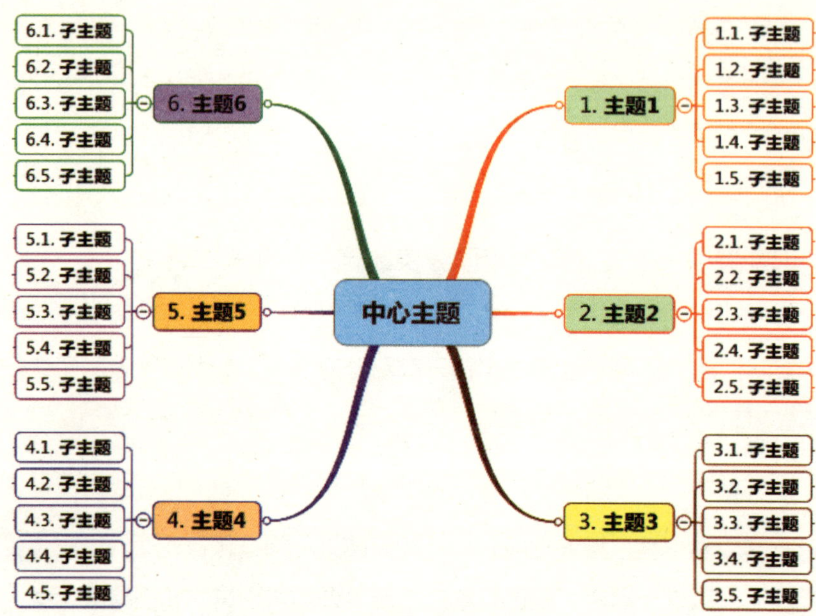

图2　MindManager 软件里的思维导图绘制规则

东尼·博赞（Tony Buzan，以下简称博赞）将思维导图定义为一种“放射性思维”，只要自由发散打开思路就好了，所以认为思维导图想怎么画就怎么画，想用什么顺序就用什么顺序，甚至没有顺序也无所谓。我是不赞同这种观点的，这就好比开车，如果是在自家院子里练车，也就无需遵守任何交规，可以随意开着玩，但若开上马路还是老老实实遵守交规为好。回到思维导图上，如果思维导图只是画给自己随便看看，自然什么顺序都无所谓；但若要拿出来交流，特别是在你无法当面解释的场合，还是遵守大家都遵守的“潜规则”为好。

除了“中心开始”和“顺时针方向”这两条规则外，我们还要解释一下节点之间的关系。思维导图暗含了两大关系：层次关系和兄弟关系。层次关系指的是父节点和子节点之间的关系，兄弟关系指的是同级节点之间的关系。根据具体情况，层次关系又可以具体化为包含关系、从属关系和示例关系等，兄弟关系按照有无顺序要求又可以分为并列关系（没有顺序要求时）和顺序关系（有顺序要求时）。

下面看个具体例子。

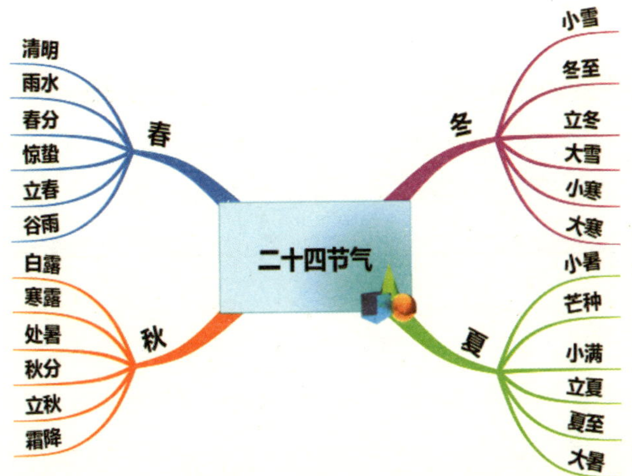

（a）未考虑顺序

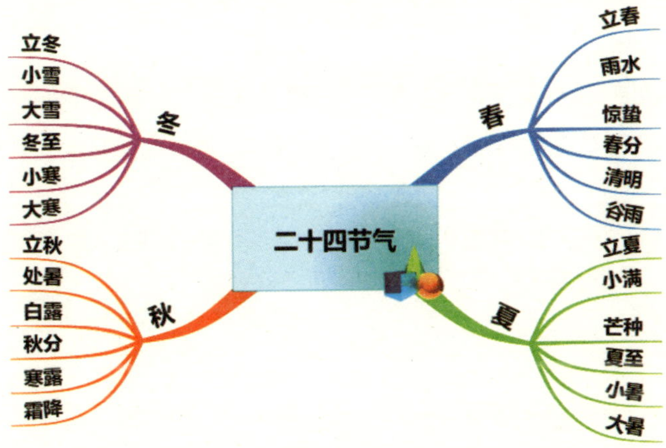

（b）考虑顺序

图3　思维导图的顺序关系示例

以图3为例，这两幅思维导图都对二十四节气按照春、夏、秋、冬四季进行了分类。但由于四季之间不是简单的并列关系，而是有顺序要求的兄弟关系，二十四节气之间亦是如此，图3（a）一级分支和二级分支均没有考虑顺序，这就导致其对记忆的促进和正确理解起到的作用非常有限。修改成图3（b）后，因其不仅考虑了层次关系，也考虑了顺序关系，读起来就更加自然了。

本章要点

1. 思维导图的读图顺序是从中心开始读起，然后从右上角 45° 沿顺时针方向读图，同时遵循“先父后子”“先一般后具体”的基本原则逐层深入。
2. 非线性的思维导图看似无序，实则暗含了逻辑关系。读图如同读心，需要努力识别作图者赋予的、暗含的逻辑关系。这种关系一般可分为层次关系和兄弟关系。
3. 根据具体情况，层次关系又可以进一步具体为包含关系、从属关系和示例关系等，兄弟关系可以进一步具体为并列关系（无顺序要求）和顺序关系（有顺序要求）等。
4. 对于没能清晰识别内在逻辑的思维导图，可能的原因有两点：一是读者没能找到，二是绘图者根本没有理清思维。两种情况均无法有效实现知识（或思维）的有效传递。
5. 思维导图暗含的逻辑关系（层级关系、右上角开始和顺时针方向）要求我们在作图和读图时都要尽量去遵守，我们将之称为思维导图的“潜规则”。

第二章 追根溯源——思维导图发明的故事

吃水不忘挖井人，我们必须感谢思维导图的发明人东尼·博赞，是他不甘于现状的精神让思维导图得以问世，更是他一辈子的不懈努力让思维导图走入寻常百姓家，让越来越多的人享受着思维导图带来的思考“红利”。

为了了解思维导图诞生的过程，本章将带您回顾博赞发明思维导图背后的故事。

传奇的博赞

如果说思维导图的发明人博赞是一位传奇人物，相信没有人会反对。博赞 1942 年生于英国伦敦，毕业于英属哥伦比亚大学，拥有心理学、英语语言学、数学和普通科学等多种学位，是英国大脑基金会总裁，创办了世界记忆力锦标赛和世界快速阅读锦标赛，发起了思维奥林匹克运动会。他是世界著名的心理学家、教育学家、超级作家、顶级演讲家和企业顾问。除此以外，他还有一些让我们感到惊讶和意外的身份，如运动员和教练等。

博赞取得了让普通人望尘莫及的成就，仔细分析会发现这一系列的成就都与他的研究密切相关。总体上看，思维导图、记忆力和快速阅读是博赞研究成果的核心，这些研究为他赢得了很多声誉，如大脑和学习方面的世界顶尖演讲家、智力魔法师、世界大脑先生等。他曾因帮助查尔斯王子提高记忆力而被誉为英国的“记忆力之父”，他曾在英国 BBC 电视台主持《开动大脑》系列节目，在英国独立电视台主持《打开思维》系列节目等。通过这些节目，他发明并倡导的思维导图和记忆术获得了极大的关注。2003 年，我最初接触思维导图时，网络上就宣称有 2.5 亿人在使用思维导图，我们知道这个数字无从验证，但也不必对这个数字较真，因为思维导图获得了广泛的欢迎这一事实是毋庸置疑的。

事出必有因，因为被偶然落下的苹果砸中了脑袋，牛顿受到启发从而发现了万有引力。那么博赞发明思维导图又是因何而起呢？我们不妨也来探寻一下让思维导图得以诞生的“苹果”。

学生时代的博赞并无特殊之处，他和我们一样经历了从小学到大学的“朝圣之旅”。进入大学后，他和众多大学生一样陷入了思维能力与学习任务严重不匹配的困境，那就是：要学的知识越来越多且越来越难，要记的笔记和要写的作业越来越多，可是由于记忆力、理解力、创造力和问题解决能力等不足以支撑学习的基本要求，无论如何努力，学习成绩却总是越来越糟糕。博赞没有选择屈服，而是前往图书馆寻求帮助，可是他却惊讶地发现没有一本与教导如何正确有效使用大脑有关的书籍。在短暂的失望之后，他意识到这可能是一块研究空白，于是他开始思索并寻找新的解决这些问题的思想和方法。

线性笔记的不足

博赞想到，要研究如何高效思考，就得首先去研究那些天才式的人物（被博赞称为“杰出大脑”）是如何思考的。可思维毕竟是看不见摸不着的，要想研究“杰出大脑”的思考方式可没那么容易。于是博赞转向研究记录人类思考的人造物（Artifact）——笔记。他大量收集普通人的笔记和“杰出大脑”的笔记，并对它们进行了详细的对比。

博赞（1999）惊讶地发现，在全球各地，不管什么语言或者国家的学校或职业当中，95% 的人在记笔记和做摘要时主要采用 3 种风格：①段落式——把要说的话以完整的句子形式写出来；②条列式——以列表的方式记录要点；③大纲式——按照层级、次序记笔记，该层次主要由主分类和次分类构成。在这 3 种笔记中，段落式追求一字不落的记录，只有经过特殊训练的速记员才能做到。但即使是速记员，在他记录完之后去问他写下的是什么，他常常也答不出来，因为他的所有注意力都放在记录上，而无暇去思考句子承载的真实含义。条列式是段落式的改进版，但条和条之间的关系依然没有被梳理出来，对记忆和理解非常不利。大纲式是这 3 种笔记中最好的一种，层次化本身在一定程度上能促进理解和记忆，但依然还存在诸多不足。

博赞（1999）把这 3 类风格的笔记称为线性笔记，他认为这种标准线性笔记有 4 大不足：①埋没关键词——关键词是重要思想的核心载体，也是记忆的关键所在，而在标准笔记中，这些关键词被埋没在一大堆相对不重要的词汇之中，在空间上给大脑理解关键词之间的关系增加了认知负荷，阻碍了大脑在各个关键的概念之间做出合适的联想。②不易记忆——使用单一颜色表达的笔记非常单调，不能有效地刺激大脑，这样就容易被我们的大脑拒绝和遗忘。另外，标准的笔记列出来的东西看上去往往很相似，没完没了，光是列出这样的单子本身就够烦的，而且找不到重点，大脑必须对笔记进行二次加工，从浩繁的笔记中找出关键词加以理解，这无形中让做笔记成为一种机械的记录，无疑使人脑处于一种半催眠状态，几乎不可能记住什么东西。③浪费时间——标准的笔记方法在各个阶段都浪费时间，记录时花费在那些与记忆无益的词语上的时间大约占到 90%，重读时花费在那些重复而又无意义的词语的时间也大约占到 90%，在理解时需要反复搜寻记忆性关键词，此时又浪费了大量的时间（博赞，1999）。④不能有效地刺激大脑——记忆的主要工作方式之一是联想，标准笔记的线性表达使得记忆性词语被隔离，知识间的关系被打断，这些因素严重限制了非线性思维的表达，阻碍大脑做出联想，因此对创造性思维和记忆都造成负面影响。

然而，那些“杰出大脑”的手迹与普通人的笔记却大相径庭。通过分析“杰出大脑”手迹，博赞发现他们的笔记看似混乱，实则内容极其丰富。他们大量使用了图像、图标、颜色、线条，充分发挥了联想、想象和创造力，建立起的是知识的网络，博赞将这类笔记称为“非线性笔记”。

思维导图的诞生

在反复对比普通人的笔记和“杰出大脑”手迹的同时，博赞还悉心研究心理学、神经生理学等领域。在这过程中，博赞知道了人类大脑中有数以万亿计的脑细胞，这些脑细胞之间的相互协作让人类大脑有了无法估量的潜力。如果和谐巧妙地运用关于大脑的各种技巧，让这些脑细胞更好地协同工作，将比让其彼此分开工作产生更高的效率。

结合线性笔记的不足和“杰出大脑”手迹的优势，博赞设计了一系列大脑运用技巧，并将这些技巧用来训练一群“学习障碍者”和“阅读能力丧失者”，这些曾被称为“失败者”或曾“被放弃”的学生很快回到好学生的行列，甚至有一部分还成为同伴中的佼佼者。

1971 年，博赞开始将他的研究成果集结成书，逐渐形成了放射性思考（Radiant Thinking™）和思维导图（Mind Mapping™）的概念，从而开启了思维导图的新时代。

思维导图的优势

最初，博赞的思维导图只是作为一种非线性笔记工具展现在世人面前。那么，这种非线性笔记工具与传统的线性笔记相比又有哪些突出的优势呢?

博赞（1994）认为，思维导图是放射性思维的表达，因此也是人类思维的自然功能。思维导图有 5 个基本的特征：①焦点集中——注意的焦点清晰地集中在中央图像上；②主干发散——主题的主干作为分支从中央图像向四周发射；③层次分明——分支由一个关键图像或者写在相关线条上的关键词构成，比较不重要的话题也以分支形式表现出来，附在较高层次的分支上；④节点相连——各分支形成一个相互连接的节点结构；⑤使用颜色、形状、代码等。

焦点集中，是指我们在画思维导图的时候，一定要能够突出中心，如果我们拿到一张导图而一眼看不出它的中心，那么这种图无疑是失败的。而突出中心最常用的办法就是使用中心图形或醒目的艺术字来代替普通文本，这样容易让我们一眼就能抓住导图的核心。就像当我们看到下面的思维导图时，一眼就可以看出这张图是要讲思维导图的特征（见图 4）。这一点至关重要。

主干发散，是指在我们拿到一张导图的时候，我们能够一下子找到它的主干分支，而不是一片混乱。在图 4 中，我们很快就可以知道，思维导图的特征是分为 5 大部分的，每一分支下面有各自的内容，条理非常清晰，这就保证了我们能够快速高效地对思维导图进行理解加工。

层次分明，这主要强调的是，导图内容并不是随意发散、随意安排的，是按照知识内部的结构来进行分级加工的，重要的话题、与焦点联系密切的话题要尽量放在靠近导图中心的位置，而一些相对来说次重要的内容安排在导图边缘的位置，这样就能够保证学习者很快地掌握导图所要讲的重点内容，以及这些内容之间的层级关系等。

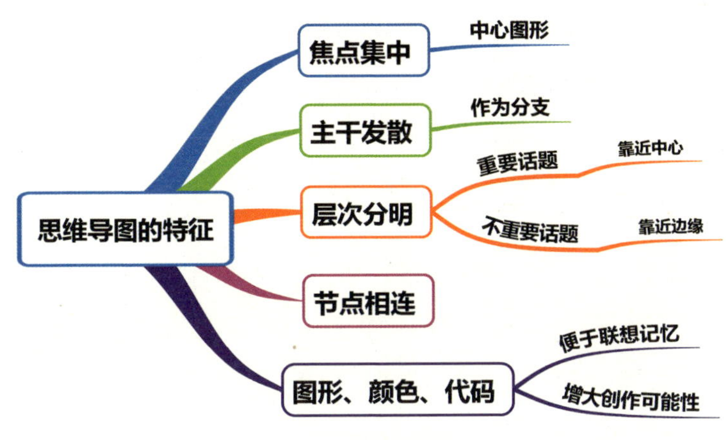

图 4　思维导图的特征

节点相连，顾名思义就是思维导图的内容不是孤立的，而是通过线条连接成了一个整体。这里每一条连线都代表着一条思考路径。

图形、颜色和代码，这就比较容易理解了，当我们在绘制思维导图的时候，为了可以有效地刺激大脑，一般使用丰富的图形、颜色等，当然图形一定要与内容紧密联系方可使用，可以不用，但也不可滥用，如果用得不合适反而是对主题内容的干扰。不可否认的是，使用这些元素可以让思维导图变得美观、和谐、舒适，但这绝不是使用思维导图的最终目的。很多人在刚开始绘制的时候，往往舍本逐末，看起来很漂亮的思维导图，却没有多少实用价值和意义。

大量研究证实，思维导图对于记忆、理解、信息管理、思维激发、思维整理都有不同程度的作用，让思维导图开始呈现出越来越多的运用方式。今天，在我们学习、生活和工作的各个环节，思维导图都在展现着它无穷无尽的生命力。

本章要点

1. 思维导图是英国著名心理学家东尼·博赞（Tony Buzan）在 20 世纪 60 年

代发明的思维工具。

2. 平常人的笔记方式以线性笔记为主，主要体现为段落式、条列式和大纲式；而“杰出大脑”们则善于运用图形、图像、颜色、线条等来丰富他们的笔记。
3. 线性笔记有 4 大弊端：埋没关键词、不易记忆、浪费时间、不能有效刺激大脑。
4. 思维导图是为了改进线性笔记的不足而被发明的一种非线性思维工具。与线性笔记相比，思维导图具有 5 大优势：焦点集中，主干发散，层次分明，节点相连，使用颜色、形状、代码等。

本章参考文献

[1] 东尼・博赞 . 开动大脑 [M]. 李斯，译 . 北京： 作家出版社，1999.

[2] BUZAN B, BUAZN T. The mind map book：how to use radiant thinking to maximize your brain’s untapped potential [M]. New York: Dutton, 1994.

第三章
一探虚实
——东尼·博赞的记忆术

思维导图从诞生之日起，就一直是和记忆术相伴相生的。博赞的头衔很多，如世界大脑基金会总裁、世界大脑先生、英国记忆力之父、世界记忆力锦标赛以及世界快速阅读锦标赛的创始人。从这些头衔可以看出，博赞对记忆术的研究非常热爱，甚至可以认为思维导图和记忆术是博赞的两大看家本领。仔细阅读博赞的一些经典著作，我们不难发现，在博赞的逻辑里，记忆是主要目标之一，而思维导图是帮助达成快速和高效记忆的工具和手段。

简单想一想，我们不禁会有这样一些疑问：①博赞记忆术的核心思想是什么？②博赞记忆术如何用心理学来解释？③博赞记忆术有无局限？④思维导图和记忆术之间的关系是什么？⑤思维导图的核心价值点是记忆吗？

知其然还要知其所以然，在享用思维导图带来的记忆“红利”时，我们有理由去了解“红利”背后的故事。本章将分析记忆的类型与过程，并分析博赞记忆术的特点与局限。

记忆的类型与过程

认知心理学家把记忆分为感觉记忆、工作记忆（广义上包含短时记忆）和长时记忆 3 种类型。感觉记忆也称为瞬时记忆，有很大的容量但保持时间很短；工作记忆容量有限，提取非常高效，但在不复述的情况下保存时间很短；长时记忆包括对世界和自身的全部记忆，其容量几乎是无限的。

记忆不应该仅仅被认为是一种结果，更应该被视为一个过程。从过程上看，记忆就是在大脑中存储和提取信息，“存储信息”谓之“记”，“提取信息”谓之“忆”。如图5所示，“记”就是把外在刺激通过感觉记忆接收，再通过工作记忆加工编码，然后存储到长时记忆的过程；“忆”是从长时记忆提取信息到工作记忆，然后参与加工的过程。可见，工作记忆的加工编码是记忆的最关键环节。加工编码的质量高，则“记”和“忆”的质量都高；加工编码的质量低，则“记”和“忆”的质量都会降低。可以认为，工作记忆是记忆系统的枢纽。

图5　进出长时记忆的信息流（格里格和津巴多，2003）

需要说明的是，工作记忆是有别于短时记忆的。短时记忆侧重于信息的存储，而工作记忆不但有信息的存储，还有对信息的短暂性加工。工作记忆中暂时储存的内容在后续的复杂认知活动中是必不可少的，是进行其他认知活动的基础，正如我们在心算的过程中暂时储存的计算过程和结果；而短时记忆则强调所存储的信息在之后的认知活动中有可能被使用到，就像我们很容易忘记刚刚看到的车牌号。工作记忆包含短时记忆，而短时记忆却不包含工作记忆。

工作记忆与长时记忆之间也有着密切的联系。很多工作记忆任务中的信息保持不但与工作记忆的作用有关，还受到长时记忆的支持。如相关研究发现，在工作记忆启动的过程中，对于实际存在的单词，记忆成绩明显好于非单词，呈现出“词汇效应”；对于类似单词的非单词，记忆成绩比不像单词的非单词记忆效果好，呈现出“近似单词效应”。这两种效应充分说明了长时记忆对工作记忆能够起到一定的促进作用。对于这一点，我们很容易理解，如果让我们记忆一对毫无意义或者规律可言的字符，每一个字符对我们来说都是一个陌生的单元，而如果这一对字符可以与我们脑海里已经存在和习得的单词建立起联系，不管是完全一样，还是只有相似性，都会比之前的记忆效果好得多。另一方面，工作记忆是信息进入长时记忆的必经之路，工作记忆对信息的加工编码质量在很大程度上决定了长时记忆的质量。

记忆更多是通过“忆”来体现的，而“忆”又可以进一步分为“再认”和“回想”。“再认”是指识别出一个以前见过的特定刺激事件的过程，“回想”则是从长时记忆搜索一个特定记忆的过程。通常情况下，“回想”要比“再认”更困难一些，这是由于“回想”需要一定的“提取线索”。

在整个记忆过程中，还贯穿着一个过程，那就是遗忘。遗忘可以发生在短时记忆向长时记忆转化的过程中，也可以发生在长时记忆的保持过程中，还可以发生在长时记忆的提取过程中。因而，遗忘存在 3 种可能：一是没有进入长时记忆；二是长时记忆中前后信息产生了冲突干扰；三是长时记忆提取障碍。解决前两个问题的方式是对信息进行深层次加工，解决第三个问题的方法则是建立多种信息提取通道。相应的，我们要想促进记忆的保持，就要从这几个方面入手。在后续章节中，我们会发现思维导图正是通过思维整理促进对信息的深层次加工，建立起信息提取更为丰富的通道，在增进理解的同时促进短时记忆向长时记忆转化。可以看出，要想获得好的记忆能力，一方面需要高质量的编码，另一方面则需要丰富的、精准的提取线索，同时还要规避前后信息的冲突干扰。

博赞记忆术及其核心思想——联想与想象

博赞在书中提到的记忆法甚多，但大体上可以分为两类：连接法和挂钩法。但无论是连接法还是挂钩法，其运用的都是“联想”和“想象”这两种思维技巧。连接法和挂钩法的主要差别在于：联想的起点和连接的方式不同，连接法通过编故事的方法将要记忆的词汇依次连接起来，而挂钩法则将要记忆的词汇分别连接在熟悉的记忆桩上。在实际应用中，记忆桩的选择可以是多种多样的，根据记忆桩的不同，挂钩法又可以分为数字形状法（以数字形状为记忆桩）、数字谐音法（以数字谐音为记忆桩）、罗马房间法（以房间和房间里的家具为记忆桩）、字母法（以字母的谐音或形状为记忆桩）。通过对谐音法和其他挂钩法的组合，又可以发展出各种各样的具体记忆方法，如长数记忆法、电话号码记忆法、日期记忆法、词汇记忆法等。越往后越能感受到记忆是个技术活，在掌握了连接法和挂钩法的基本思想后，熟记各种记忆桩（如 1~1000 对应的记忆桩）就可以在记忆上大显身手了。

读者中如果有学过计算机的专业人士，只要学过《数据结构》课程就不难发现，连接法和挂钩法本质上都类似一个线性表，连接法类似于一个链表（根据实际情况可以是单向链表也可以是双向链表），而挂钩法则类似于一个指针数组（数组的每个单元都是一个指向一个数据单元的指针），而自我增强型记忆矩阵 SEM3 则是一个矩阵了。

我们来看一个最简单的例子，假如要求我们一分钟内记住以下 10 个词汇，这 10 个词汇是我随手写的，它们之间没有任何实质关系（见表 1）。

表 1　随机词汇记忆

序号	词汇	序号	词汇
1	苹果	6	订书机
2	玻璃	7	茶叶
3	狂风	8	航海
4	日记	9	日历
5	电脑	10	兴奋

简单的连接法和挂钩法都能很好地帮助我们完成任务。我们先用连接法示范一下：想象你很渴很饿，看到桌子上有一个红彤彤的大苹果，迫不及待地拿起来就咬，可不知谁使坏把玻璃碎片塞进了苹果，你的牙齿崩了一块，嘴唇也出血了，出门打车前往诊所，可一路狂风不止，出租车都差点儿被风吹翻了。治疗回家已经很晚了，你想写篇日记记下这悲惨的一天，可日记本找不到了，最后决定在电脑上写，写的还挺长，你决定打印出来用订书机订到一起，订的时候不小心把放在旁边的茶叶桶打翻了，你非常懊恼，准备出去航海散心，到了海上你又担心工作，每天对着日历数着日子过，还好航海日历上有很多笑话，让你看了兴奋不已……至此，你可以把书合上，找张纸尝试把这十个词写下来。

如果用挂钩法，方法是把 1~10 这 10 个数字按形状或谐音分别想象成 10 个物体，然后分别对这 10 个词汇编故事。如 1 按形状可以想象成“铅笔”，记忆“苹果”时可以想象铅笔插在苹果中的场景；2 按形状可以想象成“鸭子”，可以想象一只鸭子在院子里扑腾打碎了玻璃，鸭子自身也受伤的场景，依此类推。

无论是连接法还是挂钩法，联想和想象都是最为关键的步骤。博赞认为，由于人脑喜欢新鲜的东西，所以联想的场景越荒诞，记忆效果反而会越好。

博赞记忆术的优势——丰富的提取线索

无论如何，我们应该感谢博赞为我们总结了那么多实用的记忆方法。前文提到，高质量的信息编码和丰富精准的提取线索是影响记忆质量的两大决定性因素。毋庸置疑，博赞记忆术鼓励借助荒诞的联想和想象对记忆元素进行编码，同时提供了丰富的提取线索。从短期看，无论是连接法还是任一形式的挂钩法，其对记忆的增强效果都是惊人的。在这些记忆术的支持下，人们甚至可以记下圆周率后几百位乃至上千位，或者《道德经》等经典著作。

博赞记忆术的不足——无意义的低质量编码及其可能带来的混乱和干扰

我相信绝大多数读者的目的不是为了去参加记忆力锦标赛，或是背诵圆周率和《道德经》，而是要提高对知识的处理加工能力，其中包括记忆力。那么，面对真实场景的现实学习需求，博赞的记忆法能帮助我们达成这一目标么？答案在很大程度上是否定的！尽管荒诞的联想和想象在很大程度上促进了我们的记忆，但深究下去还是不难发现这种记忆方式的局限性。

首先，博赞记忆术的记忆效果通常表现为短期性，通常在几个小时内有效，这是由于荒诞联想和想象所借用的提取线索都是临时建构的，其内在关系并非现实中存在的，因此提取线索容易丢失。

其次，用同样的记忆桩记忆下一组词汇时会对上一组词汇形成干扰，甚至覆盖掉上一组词汇。以数字挂钩法为例，用 1~100 这 100 个数字为挂钩记忆 100 个物体，再用 1~100 这 100 个数字为挂钩记忆另 100 个物体，估计两组之间就开始打架了！

最后，也正是由于记忆时人为赋予的荒诞联想和想象所建构的事物之间的联系并不是客观存在的，因此不仅无助于对知识本身的理解，反过来还会对正确的意义建构形成负面干扰。以通过记忆法背诵《道德经》为例，由于这种记忆没有带来理解上的深入，采用的各种联想和想象会让人歪曲其真实含义。记得“三个代表”理论刚提出来的时候，过春节回家时，我爷爷津津乐道地给我讲“三个代表”的来历，说是3个农民进京上访，引起了高层关注，于是全国上下都在讨论这“三个代表进京”的事。这种歪曲和以讹传讹固然是个笑话，但荒诞的联想和想象正是这类笑话的源泉之一。

我的经验与反思——真实丰富的提取线索

2000 年我读大四，有一个帮老师当助教的机会，那时一个班有 90 多位同学，不到半个学期，全班同学我都记住了，还能清晰地知道每个学生来自何处、所住的宿舍号以及宿舍电话号码。但在 2006 年我正式工作以后，在一个只有 30~40 人的小班上课，到期末我却记不住几个学生的姓名。当然我的记忆力下降是一大主因，但根本原因是无法对学生信息进行高质量的编码。2000 年学校教务部门给老师发的学生名单与今天的有很大不同：当年的男女分开编号，现在的男女混合编号；当年的是按姓氏拼音首字母顺序排序，现在的毫无规律可循；当年的名单里有学生的籍贯、宿舍号和电话等详细信息，现在的只有姓名、学号和性别 3 项信息。这样一来，当年看名单的时候不自觉地把学生按照各种方式（如性别、籍贯、宿舍）分类编码，譬如谁和谁是同乡，谁和谁是一个宿舍的，但如今只能看着名单干瞪眼。

从上面的案例可以看出，更多的信息并不一定会增加记忆的负担，在一定程度上还会辅助记忆。如果把丰富的信息按照多种方式进行组合，这不仅促使信息加工的深层次发生，还为日后的信息提取提供更为丰富的线索，让长时记忆更为可靠。

本章要点

1. 高质量的信息编码和丰富精准的提取线索是影响记忆质量的两大决定性因素。

2. 基于真实意义的深层次认知加工是短时记忆向长时记忆转化的重要条件。
3. 联想和想象是博赞记忆术的核心思想。通过联想和想象把不相关的词语连接起来，能够达成快速记忆的功效。
4. 博赞记忆术因其联想的荒诞性无助于对知识本身的意义理解，从而导致其效果通常更多体现在短时记忆上，而在长时记忆保持和信息提取上并不理想。

本章参考文献

[1] 理查德·格里格，菲利普·津巴多 . 心理学与生活 [M]. 王垒，王甦，译 . 北京：人民邮电出版社，2003.

[2] COCCHINI. G, LOGIE. R. H, DELLA SALA. S, et al. Concurrent performance of two memory tasks: Evidence for domain-specific working memory systems [J]. Memory & Cognition, 2002, 30(7): 1086-1095.

[3] COWAN. N, NUGENT. L. D, ELLIOTT. E. M, et al. The role of attention in the development of short-term memory: Age differences in the verbal span of apprehension [J]. Child Development, 1999, 70(5): 1082-1097.

[4] CROWDER. R. G. Short-term memory: Where do we stand ? [J]. Memory & Cognition, 1993, 21(2): 142-145.

[5] ENGLE, R. W, TUHOLSKI, S. W, LAUGHLIN, J. E, et al. Working memory, short-term memory, and general fluid intelligence: A latent-variable approach [J]. Journal of Experimental Psychology-General, 1999, 128(3): 309-331.

[6] Martial van der Linden. The relationships between working memory and long-term memory[J]. Comptes Rendus De L Academie Des Sciences Serie Iii-Sciences De La Vie-Life Sciences, 1998, 321(2-3): 175-177.

[7] WATKINS, O. C, WATKINS, M. J. Serial recall and the modality effect: Effects of word frequency [J]. Journal of Experimental Psychology: Human Learning and Memory, 1977, 3(6): 712-718.

第四章 何以有效——思维导图的理论解释

上一章我们分析了博赞记忆术的优势与不足，认识到夸张的联想和想象并不能达成高质量的记忆，自然不能成为支撑思维导图的真正理论基础。难道是思维导图错了？思维导图的有效性已经得到了大量实践的检验，30 多年的长盛不衰自有其存在的道理。那么，我们又该如何去解释呢？

为思维导图去寻找理论基础是件困难的事，但我们可以借助一些已有的理论体系去做一些解释。本章将尝试从教育心理学的意义学习理论，认知心理学的认知负荷理论和双重编码理论，以及记忆研究的最新成果卡皮克记忆理论等角度寻求思维导图有效性的解释。

意义学习理论与思维导图

意义学习（Meaningful Learning）理论是美国当代著名教育心理学家奥苏贝尔（Ausubel）于 20 世纪 60 年代提出的（见图 6）。奥苏贝尔认为，影响学习的最重要的因素是学生已知的内容，弄清了这一点后，才能进行相应的教学，这也是奥苏贝尔整个学习理论体系的核心。在他看来，学生的学习，如果要有价值的话，则应该尽可能地有意义（施良方，1994）。

图 6　奥苏贝尔（1918—2008）

奥苏贝尔的意义学习是相对于机械学习（Rote Learning）而言的。在机械学习中，新的知识与认知结构中已有的知识是相互隔离的；而在意义学习中，新知识与已有的知识是紧密结合在一起的。机械学习中，学习者的相关知识很少甚至根本没有，学生也没有将新知识与已有知识相结合的情感倾向；而在意义学习中，学习者具有良好组织的相关知识结构，并具有将新知识与已有知识结合的情感倾向，因而能带来更多的创造性成果。在实际学习情境中，意义学习和机械学习是一个连续统一体，没有完全的机械学习，也没有完全的意义学习，学习者要做的就是尽量往意义学习的方向多靠拢一些（见图 7）。

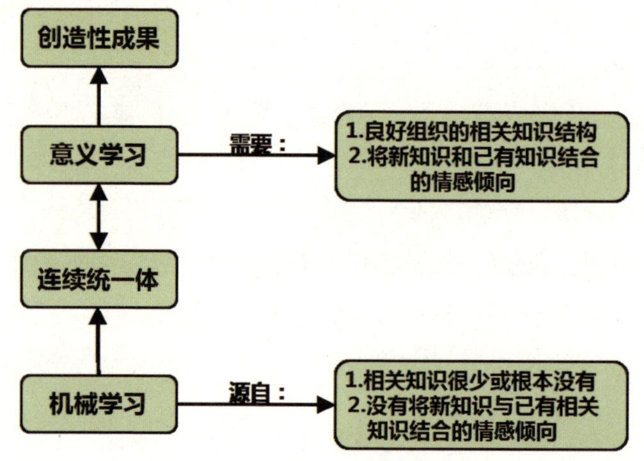

图 7　意义学习与机械学习［希建华和赵国庆（2006）］

奥苏贝尔提出了意义学习的两个条件，只要具备这两个条件，就可以认为学习是有意义的。这两个条件是：①学生表现出一种意义学习的心向，即表现出一种在新学的内容与已有的内容之间建立联系的倾向；②学习内容对学生具有潜在意义，即能够与学生已有的知识结构联系起来（施良方，1994）。奥苏贝尔的同事诺瓦克（Joseph Novak）教授在意义学习理论的基础上发明了意义学习工具——概念图（希建华和赵国庆，2006）。事实上，从意义学习的角度看，思维导图和概念图是具备相似特征的，两者都能帮助学习者建立起意义学习的心向，也能帮助学习者建立新旧知识的联系。所不同的是，概念图通过连接词清晰地表示概念之间的关系，思维导图只通过连线表示概念间存在关系，前者在意义表达上的精准程度要高于后者。

可以认为概念图是一种相对精准的意义学习工具，而思维导图是一种相对模糊的意义学习工具。

认知负荷理论与思维导图

如果说意义学习理论从宏观上解释了思维导图对意义学习的作用和价值（建立新旧知识间的连接），那么认知负荷理论则更清晰地揭示了学习的内部心理特征。认知负荷理论（Cognitive Load Theory）是由 J. Sweller 于 1998 年提出来的。该理论认为，当工作记忆的负荷最小并最有利于促进工作记忆向长时记忆的转化时，学习最为高效（Sweller，1998）。J. Sweller 的认知负荷理论是以 Miller 的研究为基础构建的。Miller 认为工作记忆容量非常有限，只能同时存储 7±2（5~9）个组块（chunk）。

前面谈到知识的加工和编码都是在工作记忆中完成的，而工作记忆容量有限，那么如何才能提高思维加工的能力呢？既然数量已经确定了，那就只能在“组块”的大小上寻找解决方案。认知负荷理论里提到的所谓组块，是指人们在过去的经验中已变为相当熟悉的一个刺激独立体，它可以是一个字母、一个词语、一个句子、一个图示、一个事件等。组块是记忆容量的测量单位，在记忆中具有极其重要的作用。它具有两个显著特点：扩容性和差异性。扩容性是指短时记忆信息可以通过加大每一组块的容量而得到扩充和提高，而差异性则是指组块内部组织水平不同，或对信息再编码的方式不同，则相应的组块所包含的信息量也不同。举例来说，让一位象棋新手在很短的时间内记住并重现原来的棋局是有困难的，因为他脑海中可以组建起来的熟悉的组块很少，组块的容量也很小，所以需要记忆的容量很大，认知负荷很重，容易忘记或者混淆。但随着棋艺的渐进，他存储在脑海中的组块容量不断增多、加大，他就可以很轻松地在很短的时间内完成任务了。对象棋大师来说，记忆并恢复棋局就相对简单了。

根据个人经验将记忆材料中孤立的、项目较小的组块加以组合，形成更大组块的思维操作过程称为“组块化”。组块化实际上是一种信息的组织或再编码，是信息的建构和综合的过程。人们利用储存于长时记忆的知识对短时记忆的信息加以组织，使之构成人们熟悉的有意义的较大的单位，即意义组块。意义组块在很大程度上依赖主体的知识经验和客观刺激材料的特征。组块化是记忆活动中最重要、最一般的方法，它能转换记忆单元，将较小的记忆材料结合成较大的记忆单元。这样就能扩大短时记忆的容量，提高记忆效果。因此，优化组块方式是提高短时记忆水平的先决条件。例如，记忆一个 11 位的电话号码——13901101994，虽然它有 11 个数字，但是我们拆成 1390（全球通）+110（北京）+1994（出生年份），把 11 个组块优化合并成 3 个组块就很容易记忆了。

从认知负荷理论看，思维导图通过图示形式表示知识以及相互关系，其对知识的细化与整理缩减了冗余的信息，大大降低了工作记忆的负荷。同时，思维导图将零散的知识组织成一个新的有意义的整体，也就形成了新的组块，这个新的组块的大小比原来的每一个小的组块的信息量都大得多，从而在工作记忆存储容量有限的情况下增加了工作记忆中的信息量，为思维加工提供了良好的条件。

双重编码理论与思维导图

双重编码理论（Dual Coding Theory）由 Paivio 于 20 世纪 70 年代提出，它的一个重要原则是：同时以视觉形式和语言形式呈现信息能够增强记忆和识别。该理论试图把语言和非语言放在同等重要的位置上。Paivio 声明：人类认知是独特的，它在同时处理语言和非语言对象时非常特别。该理论认为，语言系统直接处理语言的输入和输出（以演讲和书写的形式），同时充当非语言对象、事件和行为的符号功能，任何的表征理论都必须符合这一二重性。

双重编码理论认为，人的认知系统是由两套编码组成的，分别为言语编码（Verbal Code）和非言语编码（Nonverbal Code）。言语和非言语编码各自拥有不同的表征单元，分别为词元（Logogen）和象元（Imagen）（Paivio，1971，1991）。词元是指任何以语言为形式所感知的信息的编码表征单元，以关联和层次的形式组织；象元是指任何以非语言形式所感知的事物、事件以及情景的编码表征单元，以部分 - 整体关系组织。

Paivio（1975）的实验显示，就编码类型而言，非言语性编码（图画、拟声）的自由回忆效果比较好，而言语性编码（文本、声音）的顺序回忆效果比较好。这一结果支持了双重编码理论对词元和象元运作结构的基本假设：词元以线性顺序的结构运作， 而象元以非顺序性结构运作。就感知模式而言， 同为视觉感知模式， 图片在两类回忆任务中的效果都优于文字，这也支持了作为视觉象元的图片相较于作为视觉词元的文字具有更多的具体性优势。

双重编码理论为思维导图提供了很好的理论基础。从双重编码理论可以看出，思维导图将知识以图的方式表示出来，为基于语言的理解提供了很好的辅助和补充，大大降低了语言通道的认知负荷，加速了思维的发生。

卡皮克记忆理论与思维导图

2008 年，美国普杜大学（Purdue University）认知与学习实验室（Cognition and Learning Laboratory）的青年学者杰弗里·卡皮克（Jeffrey D. Karpicke）博士在《科学（Science）》杂志上发表论文《提取（Retrieve）在学习中的关键作用》（Karpicke&Roediger， 2008），通过实验证明重复学习对延迟的回忆（一周后）没有效果，但重复测试（Repeated Testing）则能在很大程度上促进回忆，提取是测试中的最为关键的环节，因此提取对巩固学习具有非常重要的促进作用。这一研究成果一经发表，就得到了心理学、教育学界以及媒体的高度关注。

认知科学家和教育专家认为卡皮克的研究结果非常令人震惊，但“提取”为什么有效目前还不得而知。Marcia Linn 认为，“提取”之所以有效，可能是由于“提取”能够帮助学习者“意识到大脑中知识之间的缝隙（Gaps Between Knowledge），从而可以在大脑中反复寻找知识之间的线索”。Bjork 博士则解释说，当人们在计算机的内存中进行检索时，人们并没有改变它，但人们在自己的记忆中“提取”时，实际上已经改变了访问信息的方式，使得这些信息变得更加容易回忆，从某种程度上讲，“提取”实际上是对未来信息访问的一种练习。⊖

卡皮克等人的记忆研究告诉我们，在学习过程中应该更多地进行“提取练习”，而不是一遍遍地研读书本。从“提取”的视角来审视我们的各种教学方法和学习方法，我们就有了一个重要评价指标，这个指标就是在教学或学习活动中含有多大比例的“提取”活动。只要能够有效激发学习者的“提取”，我们就可以认为这种教学方法有助

⊖The New York Times. To Really Learn, Quit Studying and Take a Test[DB/OL]. http://www.nytimes.com/2011/01/21/science/21memory.html? pagewanted=1&_r=1, 2011-01-20.

于增强学习和促进学习的保持。

回到思维导图上来，绘制思维导图就是将隐性思维显性化的过程，这个过程比普通的文本阅读和理解包含了更为丰富的提取过程，能够更清晰地帮助人们认识到知识间的“缝隙”，从而有意去“填平”这些“缝隙”，因而是更为有效的思维方法和学习方法。

本章要点

1. 思维导图促进学习者已有知识和经验与学习内容的连接，促进了有意义学习的发生。
2. 思维导图将大脑的知识结构可视化，让我们可以清晰地观察到已有知识结构与未知知识之间的联系，及时选择和调整思维结构和模式。
3. 思维导图促使我们去整理和重构大脑的知识结构，让知识内化到认知结构中去，是相对固定的，而不是游离的。
4. 信息加工在工作记忆中完成，而工作记忆是有容量限制的，通常为7±2个组块。思维导图将小的组块组装成大的组块，从而在工作记忆容量有限的情况下加大了加工处理的信息量。
5. 思维导图降低了大脑的认知负荷，在学习过程中，用思维导图作为外存来弥补大脑有限的内存，它改变了单个记忆组块的容量，在组块数量不变的情况下，提高了大脑处理信息的容量，也增强了大脑的信息加工能力。
6. 卡皮克记忆理论认为“重复提取胜过细化学习”，与普通的文本阅读和理解相比，绘制思维导图包含了更为丰富的提取过程，能够更清晰地帮助人们认识到知识间的“缝隙”，从而有意去“填平”这些缝隙。

本章参考文献

[1] 施良方 . 学习论 [M]. 北京：人民教育出版社，1994.

[2] 希建华，赵国庆 . “概念图解读”：背景、理论、实践及应用——访教育心理学国际著名专家约瑟夫 . D. 诺瓦克教授 [J]. 开放教育研究，2006, 12(1): 4-8.

[3] SWELLER, J. Cognitive load during problem solving: Effects on learning [J]. Cognitive Science , 1998, (12): 257-285.

[4] PAIVIO, A. Imagery and verbal processes [M]. New York: Holt. Rinchart and Winston, 1971.

[5] PAIVIO, A. Dual coding theory: retrospect and current status[J]. Canadian Journalof Psychology, 1991, 45(3): 255-287.

[6] PAIVIO, A, PHILIPCHALK. R. ROWE. F. J. Free and serial recall of pictures, sounds, and words[J]. Memory & Cognition, 1975, 3(6): 586-590.

[7] KARPICKE, J, ROEDIGER. H. The critical importance of retrieval for learning [J]. Science, 2008, 319(5865): 966-968.

第五章 刨根问底——何谓非线性

上一章我们从意义学习理论、认知负荷理论、双重编码理论以及卡皮克记忆理论等角度对思维导图进行了解释。思维导图是为了改进线性笔记的不足而发明的非线性思维工具。那么什么是线性和非线性？非线性思考的本质又是什么？本章将通过我亲身经历两个故事为您揭示何谓非线性。

故事 1：作文恐惧症背后的故事

尽管经历了中考的失利（后来扩招进入高中就读），但与博赞相比，我的求学生涯相对来说还是比较顺利的。1997 年考上大学，2001 年保送硕士研究生，2003 年改为提前攻读博士，2006 年留校任教。加上学生阶段兼职任教的经历，前前后后我差不多有 15 年的高校执教经验。我任教的课程总体上是很受学生欢迎的，校长和教师培训评价也不错，但这些却无法掩盖我在科研路上的尴尬，那就是发表出来的科研成果一直不多，在职称晋升答辩时曾被评委质问“为何年均不到一篇论文”。同事们善意批评我“手不勤快”，很多好的思路和想法被白白浪费了。事实也确实如此，本来想得好好的，一下笔就犯怵了，所以经常翻出若干年前拟出的论文写作计划深深自责。

后来经过反思，我才明白原来是我患下的是“作文恐惧症”。相信很多读者和我一样，思如泉涌却无法落实成文字。那么，“作文恐惧症”是怎么来的呢？

我们知道，很多成年后的心理问题都和童年经历有关，这个“作文恐惧症”一定也和中小学时写作文的经历密切相关。我仔细回想了一下当年写作文的场景：老师布置完作文题目后，我痛苦地打开作文本，将作文题写在作文本的第一行中间，然后从第二行开头空两格开始往后写，写着写着发现思路不对了，拿起橡皮一顿猛擦，然后继续写。再写着写着又发现写错了，继续拿橡皮去擦或用笔去涂。连续几个这样的来回后发现作文纸已是满目疮痍，面目全非。这时焦急、愤怒又无助的我能做的就是把这页纸撕下来，揉成面团扔到地上。在连续扔了几个“面团”后，我开始认定自己“天生就不是写作文的料”。还好我的理科成绩一直非常优秀，语文的严重跛腿并没有妨碍我的升学。但对写作却是越来越害怕，原以为本科身在电子系的我会终身与二极管、三极管、电路板为伍，可命运却开了个天大的玩笑，我的专业先从电子系升为信息学院，再从信息学院独立出来，再之后就并入教育学部，大方向上由理转文了！欠下的债总是要还的，今天写不出论文或许就是为当年逃避写作文还债吧。

今天，我们有了电脑，写作的方式已经发生了翻天覆地的变化，我们不再需要橡皮而替之以键盘的退格键；我们更不需要撕下纸来揉成面团而只需按下 Delete 键；我们无需另寻纸张而只需简单的新建一个 Word 文档；我们不必挨个字的从头往后写，而是可以想到哪就写到哪，想起什么就写什么，随时进行必要的增、删、改。也有人先把整体的目录结构写起来，然后想到什么就填到相应的地方去。

如果当初纸上从头往后的逐字写作是“线性”笔记的话，那今天在电脑上的天马行空就可以称为“非线性”笔记了。

故事 2：非线性编辑——视频编辑的技术革新

我本科时学过一门课叫作《教育电视节目制作》，老师给的作业是以小组为单位拍摄一个短片。我们小组拍了个专题教学片，取名《傻师弟借书记》，片中讲述了“傻师弟”在图书馆借书时犯下的种种啼笑皆非的错误，以及在和“智慧的学姐”的对话交流中学会使用图书馆的故事。我当时饰演的正是片中的“傻师弟”，但这个小组作业给我印象最深的不是故事情节，而是片子的后期剪辑和加工。

那时还没有视频编辑软件，只有存储模拟信号的磁带机。要想把多个片段合到一起，只有用一盘新磁带，把素材带中的片段依次复制上去，不能快一秒也不能慢一秒，不能多一秒也不能少一秒。如果中间不小心把顺序弄错了或者遗忘了哪个片段，整个剪辑工作都要重头再来。

我们拍摄了非常丰富的素材，在剪辑中发生了一件让我们十分懊恼和痛苦的事情，那就是我们不小心把一段素材从素材带上抹掉了，这时能做的就是从我们剪辑的半成品中再复制回来。经过一翻倒腾，我们终于完成了教学片的编辑，但最后提交的成品中这个片段视频质量非常差，因为对于磁带来说，每复制一遍都会有很大的信号损益。

大四时，我们有老师在中央电视台工作，他告诉我们有了非线性编辑器（简称“非编”），我们实在是太兴奋了，因为此时视频的编辑已经变得像在 Word 中插入、删除一样简单了，视频质量也不会有丝毫的降低。再往后，专业的视频编辑软件越来越多，功能越来越强大，使用起来也越来越方便，大家再也不用为因拷贝导致的质量下降而犯愁了。

从线性思考到非线性思考

给大家讲写作文和编辑视频这两个故事，是想说明线性与非线性的巨大差别。现实生活中类似的例子不胜枚举，计算机的数据结构是对现实生活的高度抽象，线性结构在计算机的数据结构中称为线性表，比较典型的线性表有数组、堆栈和队列；但复杂问题往往需要借助非线性结构来实现，如树和图，我们每天使用的网上地图背后使用的就是非线性结构。

人类的思维同样可以分为线性思维和非线性思维两种。一般来讲，线性思维是一种直线的、单向的、单维的、缺乏变化的思维方式，如逻辑思维；非线性思维则是相互连接的，非平面、立体化、无中心、无边缘的网状结构，类似于人的大脑结构和血管组织，如发散性思维、系统思维。这两种思维模式虽然存在着巨大的差别，但却无优劣之分，它们之间各有利弊。线性思维有助于深入思考，探究到事物的本质（见图 8）；非线性思维有助于拓展思路，看到事物的普遍联系。总体而言，非线性思维是为了支持线性思维的深入进行，线性思维是最终目的，而非线性思维是辅助手段（见图 9）。

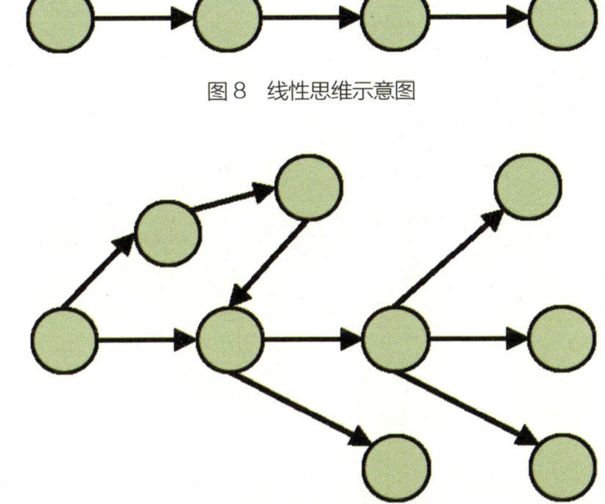

图8　线性思维示意图

图9　非线性思维示意图

然而，由于线性思维的简捷性和经济性，人们对线性思维产生了很强的依赖，从而忽视了非线性思维的存在。直到20世纪80年代末，才有学者首次提出了非线性思维的概念，将其从线性思维的模糊模型中抽离出来。而随着信息时代飞速发展，科技的快速进步，大量的、高难度的信息摄入人脑，信息超载使线性思维不堪重负，而非线性思维正好解决了这个问题，使得大数据与复杂系统的处理变得简单、快捷、高效。

人的思考过程本身是线性与非线性并举的，它们相互依存，相互促进。人类的知识结构本身则以非线性为主。语言和文字的发明是人类几千年文明得以传承的重要载体，然而，遗憾的是语言和文字都是线性的。这样一来，线性的语言和文字在很大程度上成为人类思考的桎梏，在很大程度上束缚了思考的进行，在信息过载时让人脑显得力不从心。因此，我们需要借助非线性思考工具重新放飞我们的思考。

思维导图正是这样一种非线性思维工具，帮助人们在很大程度促进思维的发散，拓宽思维的广度。

本章要点

1. 线性思维是一种直线的、单向的、单维的、缺乏变化的思维方式，如逻辑思维。

2. 非线性思维则是相互连接的，非平面、立体化、无中心、无边缘的网状结构，如发散思维和系统思维。
3. 思考是线性与非线性的结构，语言和文字则是线性的，线性的语言和文字在很大程度上限制了思维的发挥。
4. 思维导图是一种非线性思维工具，能在很大程度上促进思维的发散，拓宽思维的广度。

第六章 目标手段——思维导图的新定义

上一章我们讨论了线性与非线性，指出思维导图是一种非线性思维工具。博赞把思维导图定义为放射性思维的天然表达，认为思维导图是人脑的天然功能。这是一种相对含混的表述方法，因为它没能清晰地告知读者思维导图要达成的目标是什么，以及实现目标的手段是什么。

我提出用“思维可视化”“思维激发”“思维整理”和“非线性思维”这 4 个关键词来概括思维导图的本质属性。思维激发和思维整理是思维导图要达成的目标，而思维可视化是实现思维激发和思维整理的手段，非线性思考则是思维导图所承载思维的本质特征。传统的博赞风格的思维导图充分体现了“思维可视化”“思维激发”和“非线性思考”，但严重忽视了“思维整理”，从而导致博赞风格的思维导图严重缺乏内在逻辑性。

本章将为您一一解读思维导图的这 4 个关键词，并尝试在此基础上给出思维导图的新定义。

博赞式思维导图及其不足

博赞将思维导图描述为一种放射性思考，在思维可视化、思维激发和非线性思考这 3 方面都有很好的体现。但是，博赞强调的是自由联想和想象，重思维的发散而轻思维的聚敛，从而导致画出来的图往往缺乏内在逻辑性。

我们把博赞风格的思维导图称为博赞式思维导图（Buzanian Mind Maps），图 10 就是一幅典型的博赞式思维导图。美观、大方，却难以找到思维背后的逻辑

是什么。

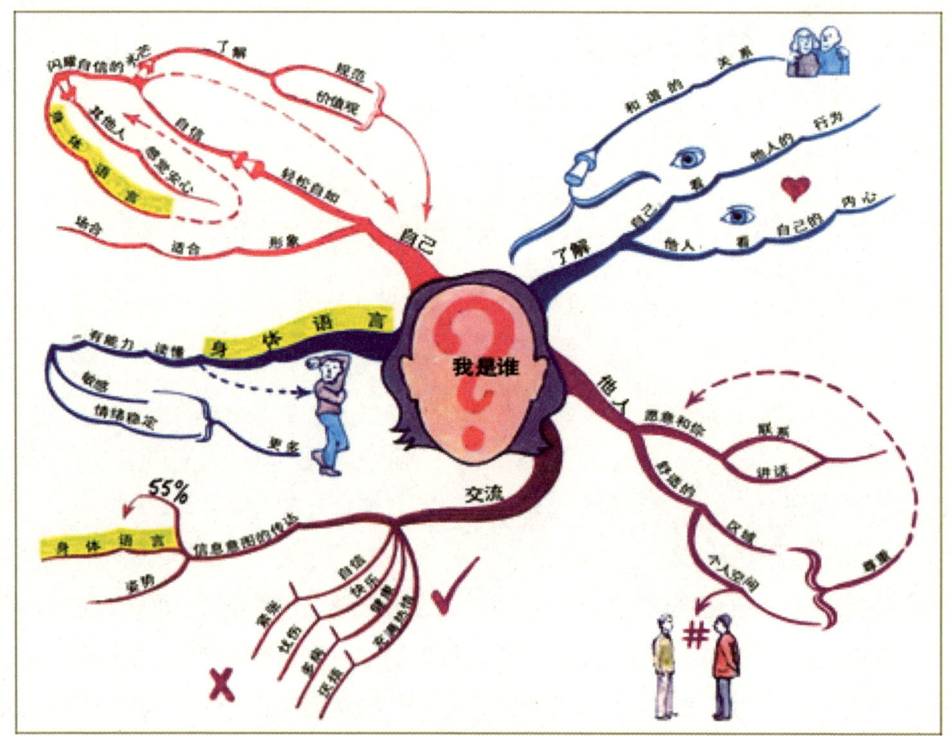

图 10 博赞式思维导图示例

思维导图的核心关键词

思维可视化

可视化，顾名思义就是“让本来看不见或看不清的东西看得更清晰”。根据可视化对象的不同，我们可以把可视化分为科学计算可视化、数据可视化、信息可视化、知识可视化和思维可视化。

可以认为，思维导图兼具知识可视化和思维可视化的特征。一方面，思维导图可以被当作知识可视化工具，用以整理和呈现客观的知识结构；另一方面，思维导图可以用来支持一个人的思考过程和思考结果，此时就更多被用作思维可视化工具了。

但由于整理和加工知识时需要思维的参与，不同人针对同一知识做出的思维导图也会千差万别，所以知识可视化和思维可视化之间并没有明显的界限。总体上看，我们谈及知识可视化时，更多侧重的是结果，关注的是客观性；而当我们谈及思维可视化时，尽管也关注结果，但更关注的是思考者的思考过程。

需要特别指出的是，思维导图作为一种可视化思考工具，其可视化的客体是关系而非对象本身，对这个话题我们将在《形象抽象》一章中进行更为深入的探讨。

思维激发

联想和想象是思维激发的重要手段。联想和想象有着密切的关系但又有明显的不同。联想是指因一事物而想起与之有关事物的思想活动，如由于某人或某种事物而想起与之相关的人或事物，由某一概念而想起其他相关的概念。联想是暂时神经联系的复活，它是事物之间联系和关系的反应。客观事物是相互联系的，客观事物或现象之间的各种关系和联系反映在人脑中而有各种联想，有反映事物外部联系的简单的、低级的联想，也有反映事物内部联系的复杂的、高级的联想。想象是人在头脑里对已储存的表象进行加工改造形成新形象的心理过程。它是一种特殊的思维形式。想象与思维有着密切的联系，都属于高级的认知过程，它们都产生于问题的情景，由个体的需要所推动，并能预见未来。

以“苹果”为例，我们展开联想，可以想到：苹果树、水果、梨、笔记本电脑等。若运用想象，我们则可以想象出一个红彤彤的挂在树上的苹果，看着让人垂涎欲滴。可以看出，联想是在对象和对象之间建立联系的过程，而想象则是丰富对象的属性，让其形象更加丰满的过程。

思维整理

思维整理是让信息从无序到有序的过程。通过对信息进行组块化，达到降低认知负荷，并促进从短时记忆向长时记忆转化的目的。

高效能人士都有收拾房间的习惯，同样多的东西，如果随意放在屋子里会让屋子显得拥挤不堪，但若整理归类，房间一下子就多出很多空间来。人类的大脑每天都要接受大量信息，如果这些信息未经整理存入大脑，功能再强大的大脑也会显得不堪重负。

所以，仅仅用思维导图激发思维是远远不够的，因为那只是往大脑中输入了新的信息。为了让这些信息有效发挥作用，我们还需要对其进行整理加工，思维导图也是思维整理的极佳工具。思维整理非常类似于计算机的磁盘碎片整理程序，经过磁盘碎片整理，计算机的运转速度会有较大程度的提高。坚持用思维导图整理思维，假以时日，大脑里的信息存储会变得越来越有序，提取利用也会越迅速，如同对大脑更新了硬件一般。

非线性思考

非线性思考我们在《刨根问底》一章已经做了深入的讨论，这里不再赘述。

思维导图的新定义

因而，可以认为思维导图就是针对线性笔记的不足而发明的一种新型笔记工具，当然也可以认为思维导图是一种非线性笔记工具。思维导图的本质是一种非线性笔记工具，在这里博赞主要强调发明思维导图的目的，并未从其实质性功能方面进行阐述，他强调了实体，却忽视了实体所承载的抽象意义。

我认为体现思维导图本质的另外 3 个核心词是思维可视化、思维激发和思维整理。思维可视化是将思维过程整理再现的过程，思维激发是基于联想和想象的发散过程，思维整理是理清层级和顺序关系的过程，而其他如对关键词长度、颜色、线条、图像、图标等的要求都是为更好地体现思维导图的特征而服务的。

思维导图的目的主要是激发和整理思维，可视化又可以帮助我们传播思维的结果，思维导图的绘制过程需要借助图形、图像、颜色、线条和布局的手段。手段可以帮助我们更好地达到目的，但是却不能取代目的，这是不可以的。所以我们在使用思维导图的时候就必须搞清楚什么只是手段，而什么才是它的真正目的，不要本末倒置。

这样，我们可以给出思维导图的新定义：

> 思维导图是一种以促进思维激发和思维整理为目的的可视化、非线性思维工具（赵国庆，2012）。

思维导图如何提升思维质量的概念图

下面用一幅概念图来概括思维导图的各个关键词，从而回答思维导图是如何提升思维质量的（见图 11）。关于什么是概念图，请参照《孪生兄弟》一章。

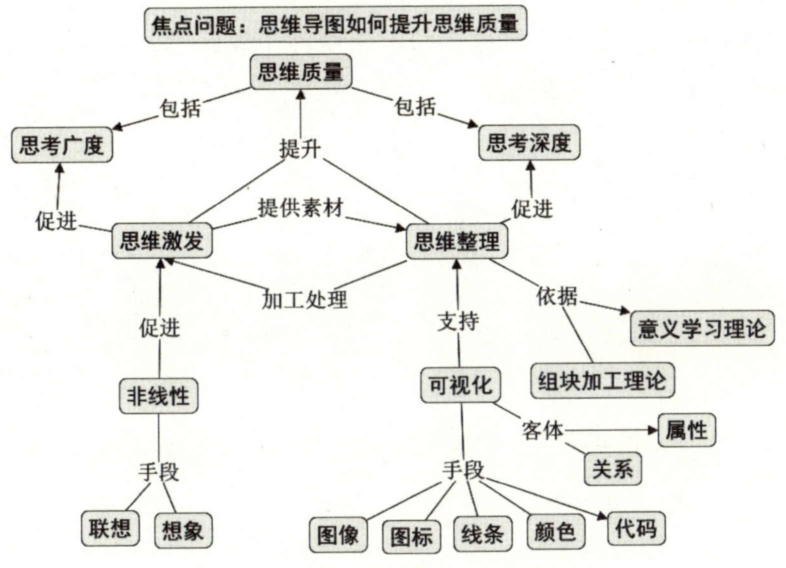

图 11 “思维导图如何提升思维质量”的概念图

本章要点

1. 体现思维导图本质的 4 个核心词：思维可视化、思维激发、思维整理和非线性思维。思维激发和思维整理是思维导图的目标，思维可视化是实现思维激发和思维整理的手段，非线性思考则是思维导图所承载思维的本质特征。
2. 思维导图的实现手段包括联想、想象、图形、图像、线条、颜色、代码等，这些都是体现可视化和非线性特征的物质载体，从而为思维激发和思维整理服务。
3. 思维导图的使用者必须清晰地知道什么是思维导图要达成的目标（思维激发和思维整理），什么是实现目标的手段（联想、想象、图形、线条、图像、颜色、代码），手段为实现目标服务，不可本末倒置。

4. 思维导图的新定义：思维导图是一种以促进思维激发和思维整理为目的的可视化、非线性思维工具。

本章参考文献

[1] 赵国庆．概念图、思维导图教学应用若干重要问题的探讨 [J]. 电化教育研究，2012(5): 78-84.

第二篇

操　作

第七章
形式为先
——思维导图的绘制规则

在理论篇中，我们对思维导图的相关理论进行了分析。从本章起，我们将进入思维导图的实践环节。不依规矩不成方圆，思维导图有其自身的规则和技巧，对于初学者来说，掌握这些规则和技巧是非常必要的。只有在理解并熟练掌握这些技巧之后，绘图者才可以根据自己的意愿去发展属于自己的思维导图技巧和规则。

博赞式思维导图的绘制规则

思维导图应该怎么画呢？博赞在书中给出的思维导图绘制规则见表 2。

表 2　博赞式思维导图的绘制规则

1. 从白纸的中心开始画，周围要留出空白
2. 用一幅图像或图画表达中心思想
3. 绘图时尽可能地使用多种颜色
4. 连接中心图像和主要分支，然后再连接主要分支和二级分支，接着再连二级分支和三级分支，依次类推
5. 用美丽的曲线连接，永远不要使用直线连接
6. 每条线上注明一个关键词
7. 尽可能多地使用图形

这些规则广为接受，但不足之处在于没有清晰地说明为什么要这么做，以及哪些是必须遵守的，而哪些是可以变通的。根据个人的实践经验和体会，我对这 7 条做了进一步的细化，也对其中一些细节进行了修改。下面我将介绍修改后的思维导图绘制规则，同时也将分析设定这样规则背后的意图所在。

纸张使用规则

规则 1：尽量使用白纸

在绘制思维导图时，要尽量使用白纸而不要使用带格子的纸。这是因为思维导图是通过丰富的线条连接各节点的，而每一条线条都表示一条思考的路径，若使用带格子的纸，格子线与思维导图中的线条相互交错，会对思维本身产生干扰（见图 12）。

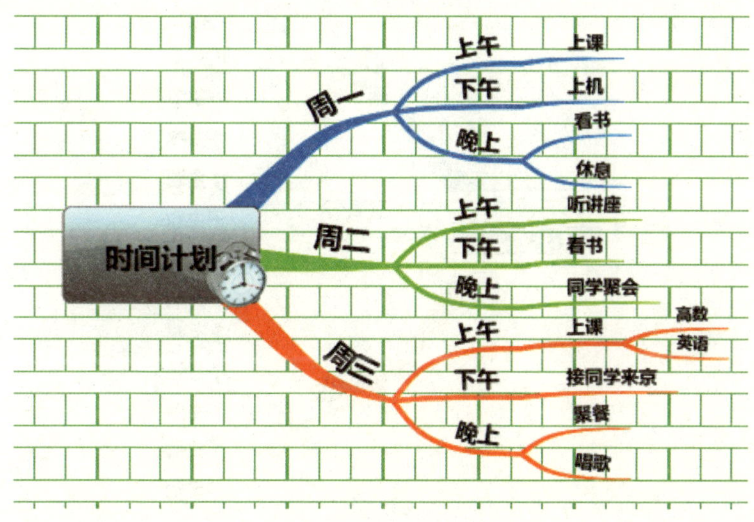

图 12　带格子的纸会对思维导图本身带来干扰

规则 2：视主分支数量决定纸张的摆放

若思维导图内容较多（主分支数大于或等于 4 时），理想的方式是将白纸横放，将思维导图的中心主题置于白纸的中心位置（见图 13）。

图 13　白纸横放示例（主题数大于 4）

若思维导图的主分支不多（小于或等于 3 时），可将白纸竖放，将思维导图的中心主题置于白纸的中部偏左的位置（见图 14）。

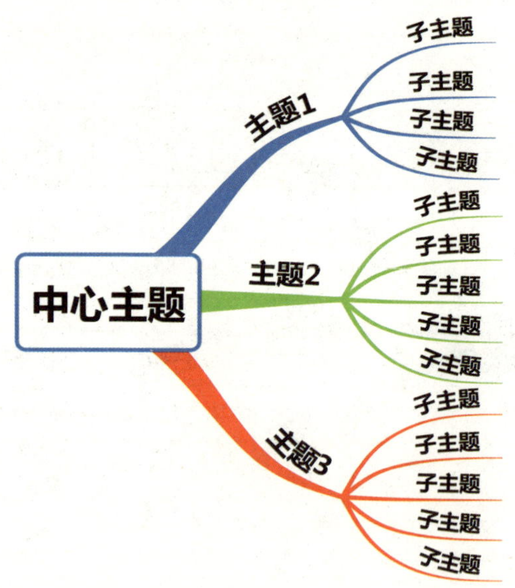

图 14　白纸竖放示例（主题数少于 3）

之所以将中心主题置于纸张的中心（主分支较多时）或中心偏左（主分支少于 3 时）的位置，是因为当中心主题在中心位置时，子分支可以向四面八方发散（见图 15），若将中心主题置于纸张的左上角（我们通常写字的顺序），子分支就只能向一个方向发散了（见图 16），这很明显地束缚了我们的思维。

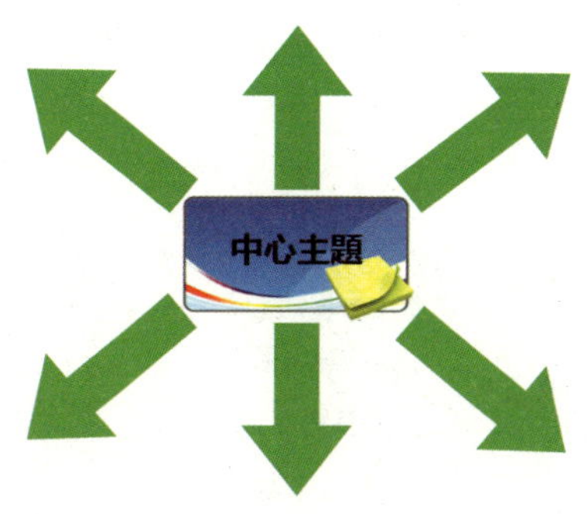

图 15　从纸张中心开始

图 16　从纸张左上角开始

关键词使用规则

规则 1：尽量用关键词而少用短语或句子

关键词是独立的意义单元，人的思考是基于关键词进行的。譬如，在听了一个演讲后，听众并不能记住演讲者的原话，但却能记得演讲者表达的意思。实际上，听众是记住了演讲者提到的一些关键词，并根据自己的理解建构了关键词和关键词之间的关系。在复述时，人们使用的是自己的语言结构而非演讲者的原话。

无论是听别人的演讲，还是整理自己的思想，最好的方式都是使用关键词而非句子或短语。在绘制思维导图的过程中，使用关键词是非常重要的，因为好的关键词有利于进一步联想和想象，从而进一步激发思考，而句子或短语却给联想和想象带来了不便。

提炼关键词也是思维加工能力的有效训练。对于初学者来说，正确而精准地提取关键词是一个很大的挑战，很多人往往因此而放弃思维导图。不过这也恰好暴露出一个问题，那就是概括凝练能力的缺乏，需要长期坚持不懈的练习才能得到长足的进步。

规则 2：每条线上一个关键词

每条分支应该只有一个关键词，而不要出现多个关键词。因为多个关键词出现在同一分支上不利于思维的进一步发散和整理。在图 17 中，“上午上课”这个节点中其实包含了“上午”和“上课”两个关键词，如果将其作为一个整体来看，想要调整

“上午”的任务安排或补充“上课”的进一步信息都非常不方便。“晚上看书、休息”则包含了“晚上”“看书”和“休息”3 个关键词，同样需要拆开。

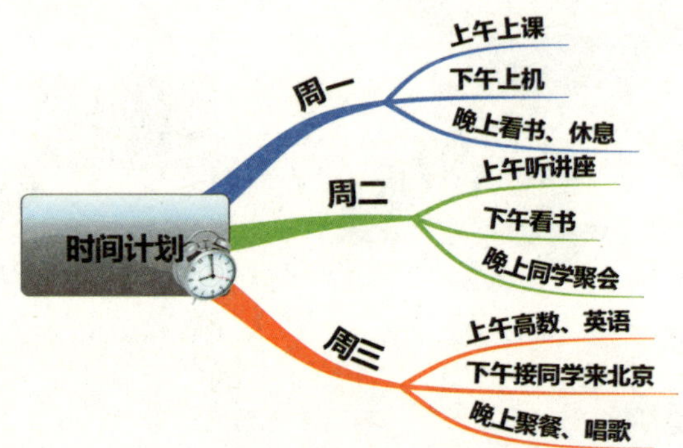

图 17 关键词的不当使用

将关键词分解后的思维导图如图 18 所示。

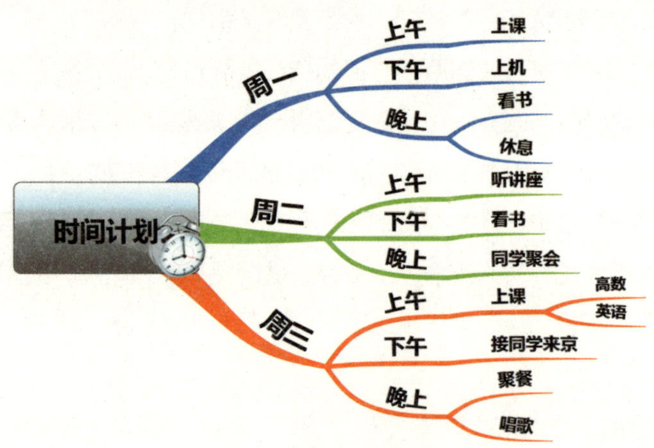

图 18 关键词的合理使用

规则 3：当句子是独立意义单元时可以用句子

并不是说一定不能使用短语和句子，这要根据句子本身的性质以及思维导图的具体用途来决定。如果句子本身就是一个独立的意义单元且不可拆分时，那用用句子也无妨，如诗句、对联、特殊用语等。还有，当思维导图的目的是向别人准确传达自己的思想而非激发思考时，使用短语和句子能规避一些误解。这个话题在《以道御术》一章中还会进一步讨论。

图像、图标使用规则

这里的图像和图标既包括中心主题使用的图像、图标，也包括各个节点使用的图像、图标，但在这两个地方使用图像和图标的目的和意义是不同的。

规则 1：尽量使用中心图像

使用中心图像主要是为了突出中心主题。因为图像比较形象直观，比文字更能吸引人的眼球，因而可以让读者一眼就找到思维导图的中心所在。如图 19 所示，读者一眼就能找到该思维导图的中心是“水果”，而非“橘子”或“苹果”。

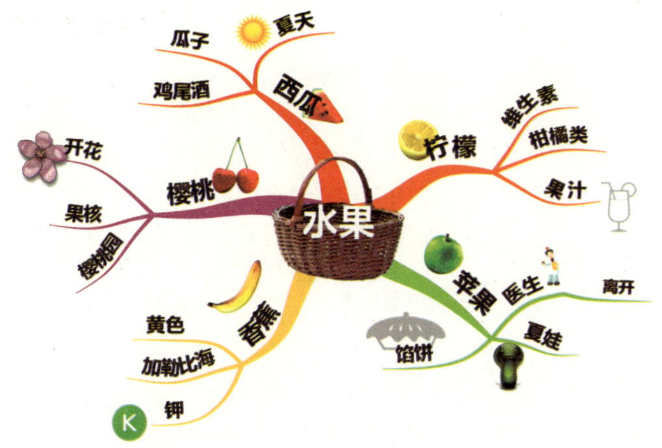

图 19　中心图像的合理使用

使用中心图像的另一个好处是促进联想和想象。一图胜过千言，图像总是比抽象的文字包含更多的信息，因而能引发更多的想象。

当然，使用中心图像还有第三个好处，那就是美观。如果思维导图是作为作品呈现的，选择一个美观的中心图像一定会为思维导图大大加分。

中心图像的使用不当可能会让读者产生困扰和误解，起到画蛇添足的负面作用。以下面这张思维导图为例（见图 20），中心主题很突出，整个结构也很清晰，但是图像与内容的联系就非常有限了。图中使用了一朵花的图像作为中心主题，读者在第一时间会认为这是一张关于“花”的思维导图，至少也应该是与“花”有关的思维导图。但是仔细读下去，你会发现分支内容跟花一点儿关系都没有，作者实际要表达的是使用茶艺室时的注意事项。这样的思维导图给读者带来了阅读理解上的障碍，让人一头雾水。

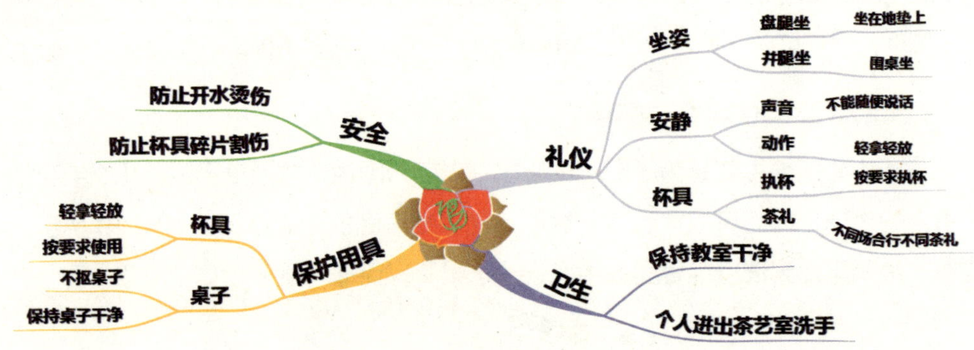

图 20　中心图像的不当使用

那么，是否一定要用中心图像呢？答案是否定的。因为使用中心图像的主要目的是突出中心主题，所以只要能起到突出中心主题的作用，绘制思维导图时完全可以使用其他手段来替代，如使用艺术字，或将中心主题的字写得更大更醒目一些。若中心图像不能有效突出中心主题并促进联想和想象，还不如直接使用文字来得方便简洁。

规则 2：图像、图标应与要表达的内容相一致

前面说了使用中心图像有 3 大作用：突出中心主题、促进联想和想象以及美观。那么在各个节点使用图标和图像则主要起到的是后面两个作用。为了有效发挥促进联想和想象的功能，图像、图标的选择一定要与节点内容密切相关，最好是能引发进一步联想的、有实际意义的。

规则 3：图像、图标不宜太多

图像、图标的使用有两个好处：一来可以引发更多的想象空间以激发思考；二来可以美化思维导图。但凡事都有个度，过犹不及。过多的图像使用会让思维导图陷入另一个极端——绘画作品，而失去其真正的方向——思维作品。下面这幅思维导图中，作者使用了大量的图像和图标，制作的时候费时费力不说，读者费尽九牛二虎之力也难以弄明白作者到底想要表达什么意思，这就偏离了思维导图激发和整理思维的初衷，显得有些得不偿失（见图 21）。

图 21　图像、图标太多导致的费解

规则 4：子节点中使用的图像不宜大于父节点以及中心节点

子节点使用的图像不宜大于父节点以及中心节点的图像，子节点的图片过大，容易让读者将注意力集中到子节点身上，导致喧宾夺主，同时对读图也产生了一定的认知干扰。

如图 22 所示，子节点图标使用过多而且明显大于父节点和中心节点的图像，在读图时首先注意到的就是五彩缤纷的图片，经过仔细辨识才能找到真正的中心主题和主分支。

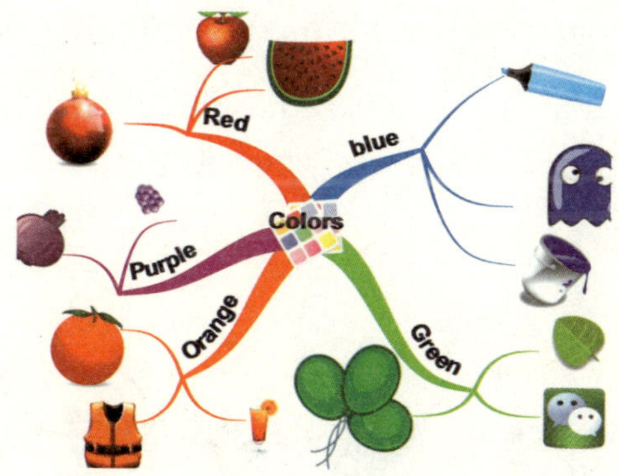

图 22　图像的不当使用

线条使用规则

线条的使用是思维导图成为非线性思维工具的关键因素，因为每一条线条都代表着一条思考的路径，而这个路径不是唯一的。绘制思维导图时，线条的使用要尽量遵守以下规则。

规则 1：尽可能使用曲线

使用曲线的主要目的是美观。我们常常说“曲线美”，而很少听到有人说“直线美”。思维导图使用的曲线与大脑神经元结构非常相似，思维导图的中心主题类似于神经元的细胞核（见图 23），而主分支和子分支类似于神经元的树突和轴突，或许这背后也有某种天然的巧合吧！

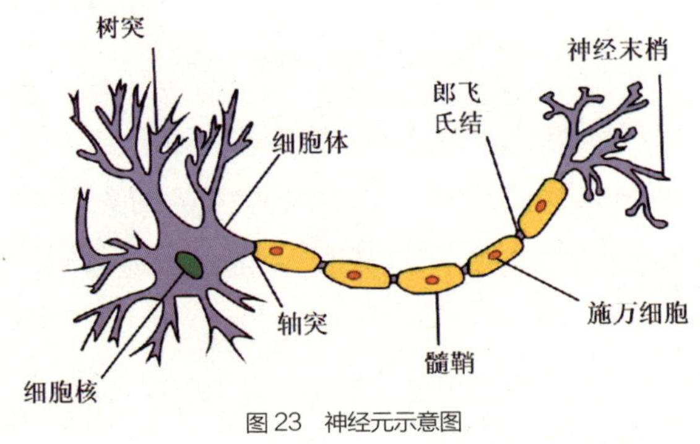

图 23　神经元示意图

规则 2：线条由粗到细，线条的长度与线上的关键词等长

由粗到细的线条的目的：一是突出中心主题；二是美观。通过线条粗细的变化可以清晰地区分父节点和子节点，线条粗的一端代表父节点，而细的一端代表子节点，同级节点的线条最好保持在一个粗细水平（见图 24）。

线条的长度尽量与线上关键词的长度相当，这样让思维导图相对紧凑和美观。

图 24　从粗到细的线条

规则 3：不同分支间可以建立关系

在绘制思维导图时，如果不同分支间存在着某种关系，就可以采用交叉连线建立关系，这也往往被视为创造性思维的体现。下面这张思维导图使用交叉连线，清晰地表示了“3000 米”和“身体健康”“读书”和“知识储备”的关系，这对于形成更为紧密的知识结构具有一定意义（见图 25）。

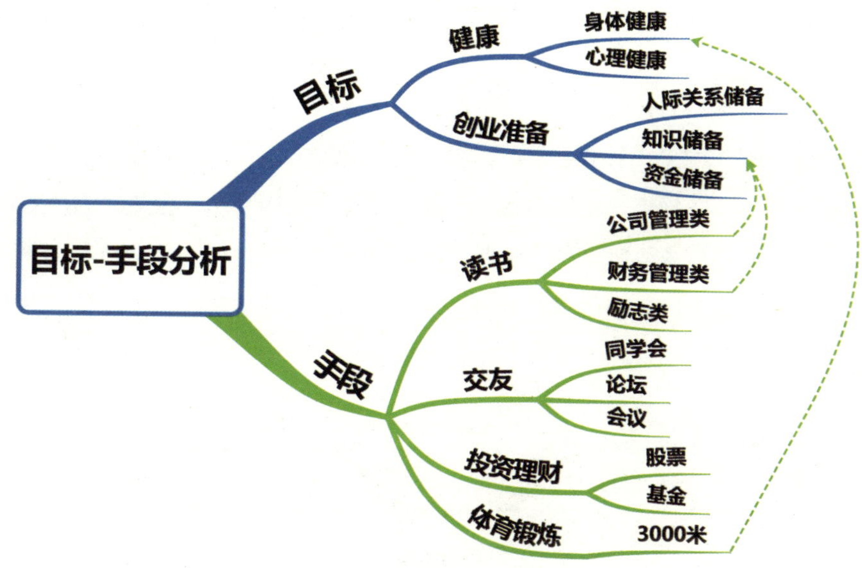

图 25　交叉连线的使用

颜色使用规则

在思维导图中，同一分支的节点间关系要比不同分支的节点间关系紧密得多。可以认为，思维导图的每个分支都是一个意义相对完整的知识组块。因此，在绘制思维导图时，也尽量让一个分支采用一个主色调，这样会大大降低读图时的认知负荷（见图 26）。

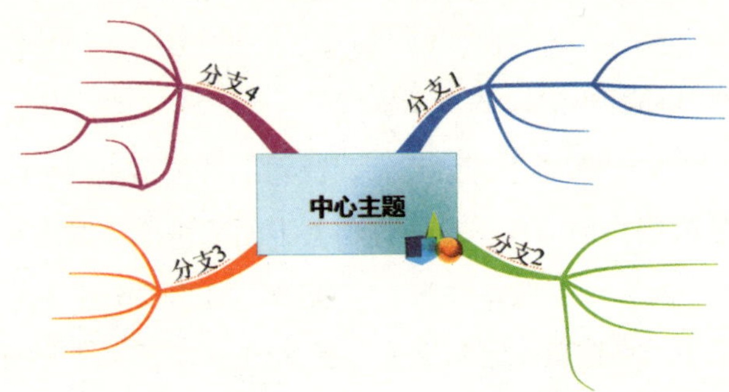

图 26　正确案例：一个分支一个主色调

很多思维导图的颜色使用是非常随意的，这样会让思维导图显得非常混乱。还有些思维导图是一个层次一个主色调，这样同样是不合适的（见图 27）。我们通常用“父子关系比兄弟关系谁更亲”来解释思维导图中颜色的使用。从社会关系的角度看，父子关系通常是比兄弟关系更亲的（从血缘关系的角度不是这样），父节点和子节点属于同一个知识组块，因此使用相同的颜色更合理；但兄弟之间是迟早要分家的，所以从主节点这个层次就用不同颜色区分开比较好。

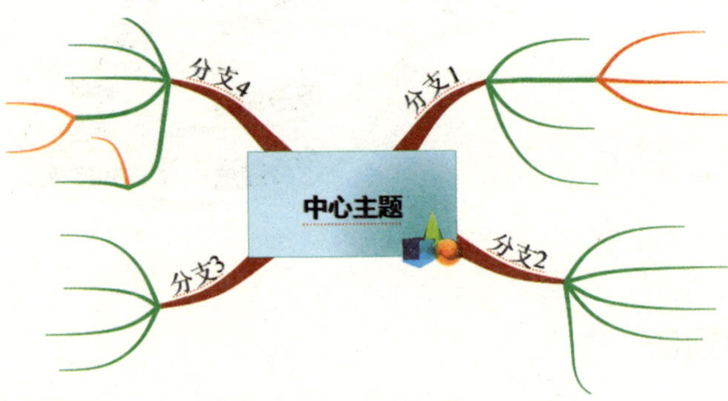

图 27　不当案例：一个层次一个主色调

逻辑顺序规则

在《初来乍到》一章中，我们探讨了思维导图的“潜规则”，其中之一就是“右上角 45° 开始”和“顺时针方向”，这是对成形的思维导图的要求。在绘制的过程中，思维激发的阶段可以随意画，想到哪里就画到哪里，但在思维整理的阶段则要不断调整分支和分支间的层次关系和逻辑顺序。

例如，下面是一位老师为自己制订的一周计划，对于第一幅思维导图，他并没有按照时间顺序画，这样就显得有点混乱，阅读的时候就显得有些不舒服（见图 28）。

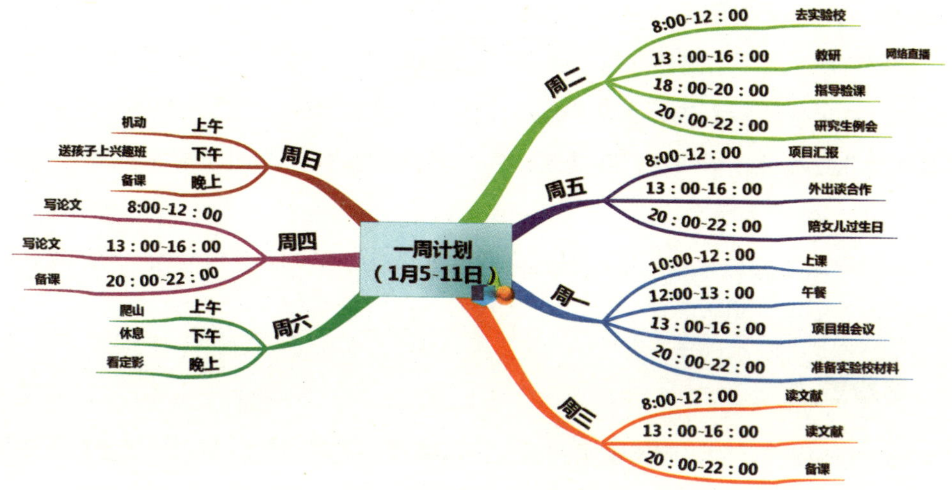

图 28　主分支未按顺序的思维导图

第二幅经过顺序的调整，思路就清晰多了（见图 29）。

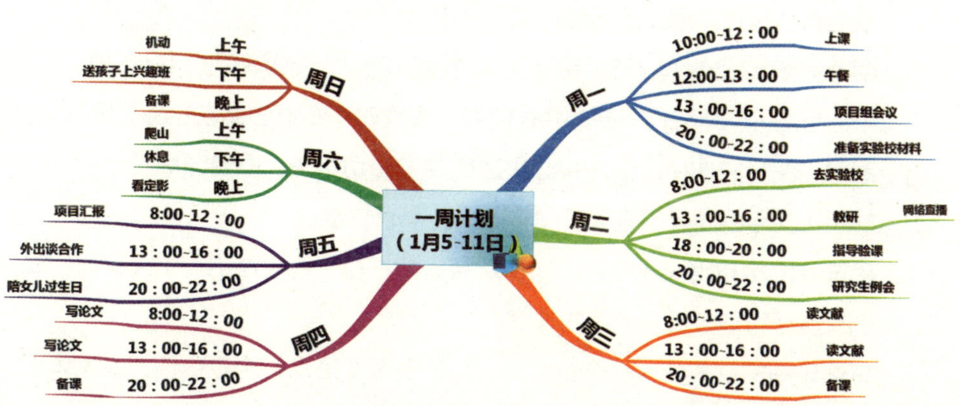

图 29　主分支按顺序的思维导图

使用计算机绘制思维导图

工欲善其事，必先利其器，绘制思维导图也是如此。早期的思维导图都是基于纸笔来绘制，但随着信息技术的飞速发展，思维导图软件如雨后春笋般冒了出来。

其强大的功能迅速吸引了大批的思维导图爱好者。网络上可供使用的思维导图软件有数百种之多，我比较倾向于推荐 iMindmap 和 MindManager。iMindmap 是在博赞的直接指导下开发的，非常透彻地执行了博赞本人赋予思维导图的内涵，线条美观、使用方便、上手容易，非常适合初学者使用。MindManager 的功能非常强大，适合对功能要求比较高的人士使用。我个人则两者都用，对那些内部不太复杂的思维导图用 iMindmap 更快捷；在要制作内容多、关系相对复杂的思维导图时，使用 MindManager 更为顺手。

本书附录将通过案例的形式详细介绍 iMindmap 和 MindManager 两款软件的使用方法。

本章要点

1. 绘制思维导图时应该使用白纸，将其横放（主题数量较多时）和竖放（主题数量较少时）。
2. 关键词是独立的意义单元,绘制思维导图时尽量使用关键词而少用短语和句子,但当句子是独立意义单元时也可以使用。
3. 中心图像的目的有 3 个：突出中心主题、激发想象和联想、美化思维导图。中心图像通常画在白纸的中心位置（横放时）或中心偏左位置（竖放时）。
4. 图像、图标的选择应该与中心主题的内容密切相关，图像图标不宜太多，子节点中使用的图像不宜大于父节点以及中心节点。
5. 思维导图尽量用曲线连接，线条从粗到细，每条线上注明一个关键词，线条的长度尽可能接近关键词的长度。
6. 思维导图的每个分支一个主色调，而不是每个层次一个主色调，或整体上一个色调。
7. 思维导图的分支从右上角 45° 沿顺时针方向展开。这一要求是针对思维导图成品的，激发阶段的思维导图可以想到哪里画到哪里。

第八章 思维为本——从“有物”到“有序”

思维导图是一种将思维可视化，并有效激发和整理思维的工具和方法。作为思维工具，其最终目的还是要服务于思维本身。思维激发的结果是实现“有物”，从而为进一步思考积累材料；思维整理则是为了达到“有序”，是思维加工的最终目的。既“有物”又“有序”才是高质量思考的特征。

本章将介绍如何借助思维导图激发和整理思维，让思维“有物”又“有序”。

言之有物——用思维导图激发思维

巧妇难为无米之炊，如果离开了思维的材料，再聪明的人也会犯难，所以思考的第一步是丰富思维的材料。

在现实生活中，就有很多人饱受这样的痛苦：在被问到对一个问题的看法的时候，他们通常的回答是“什么想法也没有”。

我也有过同样的经历，小时上学语文成绩一直不好，最害怕的就是写作文，每到写作文的时候大脑一片空白，不知从何下笔。

我还特别害怕在公众面前说话，因为一到被提问的时候就觉得脑海里空空如野。难道脑子里真的什么都没有么?

仔细想来不是这么回事，真实的情况是我们每个人都有非常丰富的想法，只是缺少一条提取这些想法并有效组织起来的线索。思维导图正是帮助我们提取信息并组织信息的利器。下面我们通过 3 个小游戏来感受一下思维导图是如何帮我们激发思维的。

激发方式 1：思维绽放

思维绽放指的是以一个关键词为中心，在这个词的四周快速联想出尽可能多的关键词，不能停下来选词，要把跃入脑海的第一个词写出来。

下面是以“幸福”为中心词进行思维激发的示例。2013 年央视开展了一个以“幸福”为主题的调查，我们发现每个人的回答都是不一样的，因为“幸福”一词在每个人脑海中的印象都是不同的。我在瞬间想到的是类似图 30 中的这些词。

图 30 “幸福”主题自由激发

通过这种方式进行自由激发，你会发现大脑中并不是什么想法都没有，而是隐藏着大量的丰富的内容。

激发方式 2：思“絮”飞扬

思“絮”飞扬是指以一个词为起点，快速地联想到下一个词，每一个词都与上一个相关联。同样以“幸福”为起点，你可能首先想到“健康”，又从“健康”想到“锻炼”，从“锻炼”想到“跑步”，又从“跑步”想到“公园”，再从“公园”想到“草坪”，从“草坪”想到放“风筝”……这个过程可以无限进行下去。

以前在北师大校内有一条垂柳街，每当到了春季，柳絮漫天飞舞，其状态犹如图 31 所示的样子，所以我们把这个过程称为思“絮”飞扬。

图 31 思“絮”飞扬

激发方式 3：思维绽放 & 思“絮”飞扬

我们将前面两个游戏结合起来，一边“绽放”，一边“飞扬”。如图 32 所示，由“幸福”一下子想到 10 个词，由每个词又各想到 10 个词，再由这些词进一步各想到 10 个词……通过这样的过程，您的思维就会充分被激发出来，再也不愁脑子里想不出东西来了。

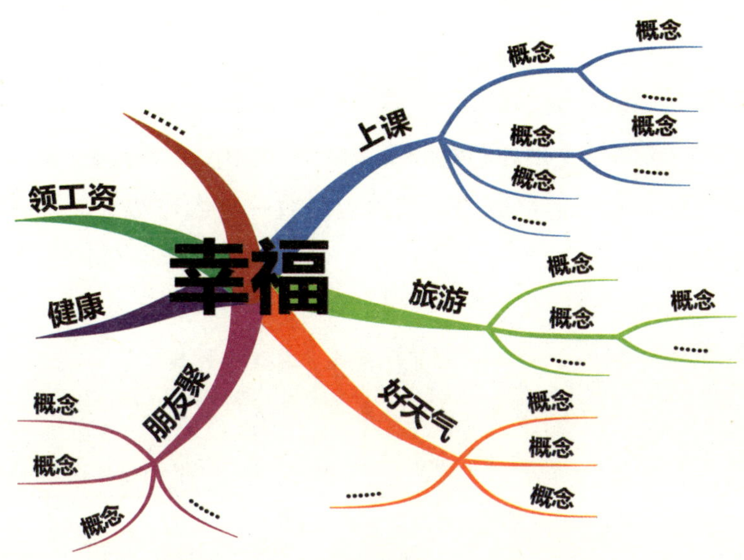

图 32 “幸福”主题的思维绽放和思“絮”飞扬

有人专门做过这样一个实验，不同的人以同一个词来进行激发，每一个人想 10 个词，此时发现第一层激发两个人之间的重复率不超过 30%，然后进行第二层的激发，此时两人之间的重复率不超过 5%。可见对于同样一件事情，人和人的想法是截然不同的。其实我们每个人脑子里是有想法的，只是我们没有一套有效的方法把它们提取出来。

思维激发为思维整理提供了材料支撑，在思维课上我经常提到“以数量保证质量”这句话，有了丰富的思维材料，我们就可以做到“手上有粮心中不慌”了。下面我们进入思维整理的环节。

言之有序——用思维导图整理思维

著名作家赵树理说过：好文章不是写出来的，而是改出来的！这里一个“改”字，在很大程度上正是思维整理的过程。思维导图能有效帮助人们激发思考，让思维的材料一个个涌现，但如何将这些材料捏合成有机的整体，思维整理的过程就显得至关重要了。下面我们将通过案例来介绍如何借助思维导图对思维进行整理。

整理案例 1：随机词汇记忆

记忆是我们学习和工作都必需的重要能力，记忆有很强的个体差异性，不同个体会表现出不同的记忆能力，同时也具有一定的可塑性。那么就让我们来挑战一下我们的记忆力吧！下面有 20 个物品，请用 2 分钟尽可能多地记下来。

牙刷、铅笔、汽车、草莓、轮船
香蕉、飞机、毛巾、钢笔、圆规
橡皮、香皂、西瓜、火车、榴莲
地铁、苹果、尺子、脸盆、牙膏

2 分钟内您能记住多少呢？您又是如何进行记忆的呢？当然，不同的人会有不同的记忆方式，你可能会想到用前面提到过的连接法和挂钩法，即运用联想和想象的方法进行记忆。那么什么样的方式可以在最短的时间内达到最好的记忆效果呢？这是我们值得去思考的问题。

根据前面我们介绍过的记忆理论，要想进入长时记忆必先经过工作记忆的加工编码，工作记忆的编码质量以及提取线索的丰富性在很大程度上决定着长时记忆的质量。工作记忆的组块理论告诉我们，大脑只能同时对 5~9 个组块进行加工，这里有 20 个物品，很明显超出了工作记忆的容量。要想有效地记住这些物品，我们就需要对这些物品进行归类，从而有效提高组块的大小，减少组块的数量。

我们试着借助思维导图把上面 20 个物品分一下类，将其分为生活用品、水果、交通工具和学习用品 4 大类，每一类下面有 5 个物品，然后再尝试一下能回忆起多少。是不是比之前有所提高呢？通常情况下应该是有所提高的。

分类方法的原理与连接法和挂钩法是截然不同的。连接法和挂钩法总体上只能促进我们的短时记忆，如果过一段时间再进行回忆就很容易遗忘，在用同样方法记忆另外一组物品时也容易产生干扰。分类整理是对知识本身进行的加工，相对来说更能促进向长时记忆的转化（见图 33）。

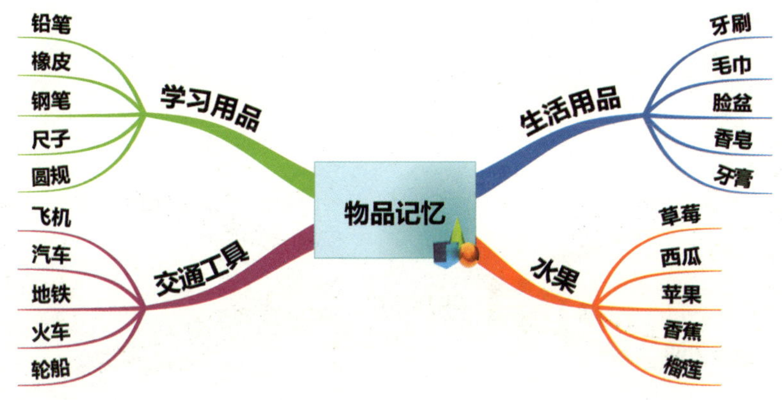

图 33　物品记忆 1

尽管有了提高，但我相信大家对这种记忆方法依然是不满意的。尽管我们将 20 个物品分成了 4 类，记住 4 大类不难，但记住每一类下的每一个物品却依然是有挑战性的，因为我们没有把类别与类别之间以及每个类别中的几个物品之间建立起有意义联系。从工作记忆的角度看，此时要加工的意义组块并没有有效减少，甚至比没归类之前还多了 4 个，不是吗?

那么怎样才能进一步提高记忆的效果呢? 实际上，我们只要建立起大类和大类的关系以及每个类别下物品和物品的关系，就可以形成新的记忆组块。我们可以在初步归类整理的基础上，将物品按照我们的已有经验进行组织，分为生活用品（起床）、交通工具（出国留学）、学习用品（上几何课）和水果（课间），将这四类看似无关的东西用一条时间逻辑线（起床使用生活用品—乘坐交通工具出国留学—上几何课使用学习用品—课间休息吃水果）串起来。而每一个主分支里面的事物也按照一定的逻辑顺序进行排列，如生活用品中，早上起床先拿牙刷和牙膏刷牙，然后拿脸盆、毛巾和香皂洗脸，起床后要乘坐交通工具出国留学，先坐地铁到机场，然后乘飞机出国，到了大洋彼岸后先乘火车再转乘轮船到具体城市，最后坐汽车到要去的大学。这样我们就很容易记住了。在加工整理时，线索越贴近现实生活越好。如果每个类别都经过这样的加工，这 20 个物品一共是几个组块呢？我想正确的答案应该只有一个。因为只要你找到了一条提取线索，这 20 个物品都可以整体的回忆起来（见图 34）。

图 34　物品记忆 2

从上面的例子可以看出，思维导图通过分类和整理，把零碎的组块组装成更大的组块，降低了认知负荷，提升了大脑加工和存储的能力。

整理案例 2：大学管理部门记忆

刚才的随机词记忆多少有些无厘头，实用性也没有那么大，谁会背这些随机词玩呢？但现实中有不少原理相同的问题等着我们去解决呢。我在高校学习工作 18 年，但从来没有刻意留意过学校的整体架构，除对经常打交道的教务处和研究生院相对熟悉以外，对学校里的其他部门都非常陌生。校外的朋友打听起学校的人和事，我常常是一问三不知。看到外面的朋友比我还了解我学习工作过十几年的学校，我内心感到无比的愧疚。在这份愧疚心的驱动下，我尝试用思维导图把学校里的部门进行一下梳理。

打开学校的网站，可以看到学校的管理机构名称，大体上如表 3 所示。

表 3　大学里的管理机构

党委办公室　校长办公室　学科处　保卫处　教务处　资产管理处　党委组织部　研究生院　基建处　人事处　财经处　后勤管理处　党委宣传部　离退休工作处　审计处　科技处　党委统战部　国际处　纪检办公室（纪委）　本科生工作处　社科处　国内合作办公室　研究生工作处……

要想把这个记下来，实在是太难了。如果简单套用博赞的记忆术，去编一个荒诞的故事，短时可能有效，但要形成有效的长时记忆却是痴人说梦。如果简单画个思维导图，可能如图 35 所示。

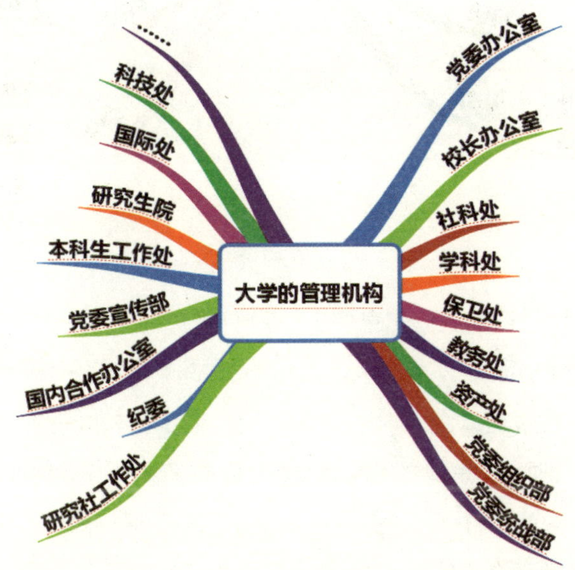

图 35　大学里的管理机构（原图）

图 35 没有画完，相信大家和我一样，没有继续画下去的耐心。那么，在我们费了那么大心思之后，看着这幅图能让我们记住这些部门么？当然不能！就算你把这些部门各配上一张照片也依然记不住！如果仅仅停留在上面的图的话，那么思维导图和常规的线性笔记也就没什么区别了。连促进记忆的目标都实现不了，就不用谈对学校架构的透彻理解了。

所以，我有义务为大家修改一下这幅图，看看思维导图是如何真正的促进记忆的（见图 36）。

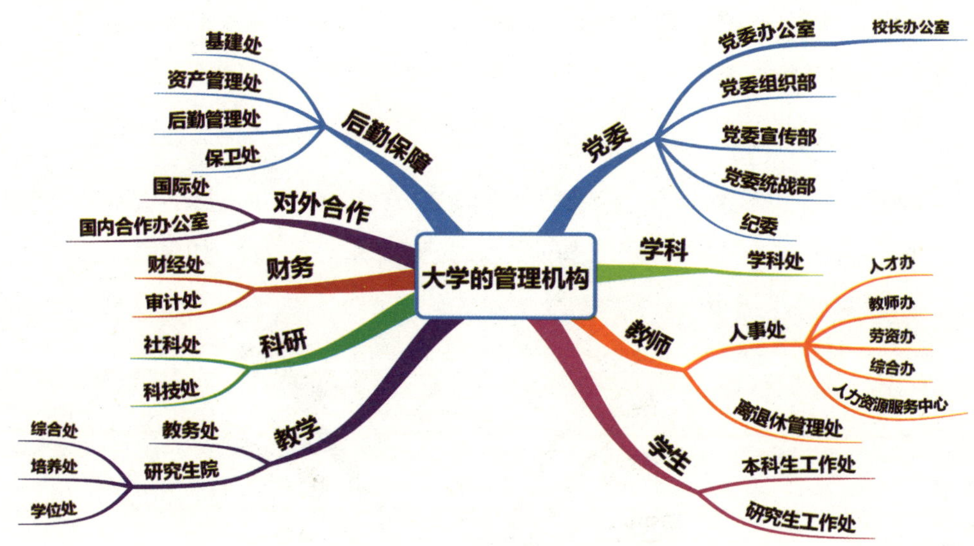

图 36　大学的管理机构（修改图）

对照图 35，我们开始进行信息加工。我们都清楚，中国大学实行的党委领导下的校长负责制，党委系统自然是学校里最核心的部门了。对一所大学来说，铁打的营盘流水的兵，学科建设可以说是学校的支柱，学校和学校之间的比拼基本都是以学科为单位的，譬如说北师大以教育学和心理学见长。有了学科，自然就需要有教师来建设，往后分别是学生、教学、科研、财务、合作交流和后勤保障部门，这些部门分工协作，才能让大学这个系统正常运转。

为了对管理系统进行更深入的了解，我们在画完宏观结构后，还可以进一步补充各个子系统下的部门设置。以党委系统为例，可以分为五大子系统：党委办公室、党委组织部、党委宣传部、党委统战部和纪委。党委办公室负责统筹，在实际运作上，大学里的党委办公室和校长办公室通常是两块牌子一套人马，这样做不仅有利于学校事务性工作的整体统筹，也在一定程度上实现了部门的精简。党委组织部负责干部的选拔和任命，党委宣传部负责学校新闻工作，党委统战部负责与民主党派间的沟通和协调，纪委则是对以上部门的监督，理解了这个关系，党委系统记下来也就没有难度了。

同理，教师管理部门包括管理在职教师的人事处和管理退休教师的离退休管理处；教学管理部门可以分为管理本科生教学的教务处和管理研究生培养的研究生院；科研部门可以分为管理文科科研的社科处和管理理科科研的科技处；对外合作部门可以分为管理国内合作的国内合作办公室和管理国际合作的国际处。

尽管各个大学的机构设置千变万化，名称上也各不相同，但经过这么一个梳理，相信大家对大学的管理机构设置已经比较熟悉了，到一所新的大学时，也可以以这个为蓝本去比较对照，建立对应关系，理解起来也就不难了。

思维激发与思维整理的融合

在实际绘图过程中，思维激发和思维整理并没有明确的界限。通常情况下，两者是交替进行深入的，激发的过程中碰到需要整理的可以随时整理，整理中发现了不足也就进一步促进了激发。遗憾的是，手绘思维导图时，两者难以有效地融合，通常需要多轮次的修改，才能实现从激发到整理的完整过程。但若借助思维导图软件，两者可以无缝地融合。

本章要点

1. 思维激发和思维整理是思维导图应用的两大目标。激发是基于联想和想象的发散过程，整理是理清层次和顺序关系的过程。
2. 思维激发通过联想和想象拓展思维广度，以数量保证质量，为思维整理提供了丰富的思维材料。
3. 思维整理将零碎的信息组块化，降低了认知负荷，提升了思维加工的质量。
4. 思维激发和思维整理并没有明显的界限，两者是交替进行、迭代深入的。

第九章 走火入魔——思维导图的几大禁忌

前面讲解了思维导图的绘制规则以及如何应用思维导图激发和整理思维，但知易行难，实际操作时人们常常还是会犯各种各样的错误。为了少走弯路，让思维导图真正为我所用，本章将为您分析思维导图绘制中的几大禁忌，通过分析“不该怎么做”达到理解“应该怎么做”的目的。

禁忌 1：照搬目录

初学者最容易犯的错误就是照搬目录了。他们在看书的时候把书的目录原封不动的搬到思维导图上，将书名作为中心主题，章名作为主节点，节名作为子节点，依次类推。这样的思维导图在实质上与目录没有什么区别，因为其中并没有思考的成分，充其量只是知识树而已（见图 37）。

图 37 是将博赞的《思维导图》一书的目录直接转换过来的思维导图。如果此图是作者在写作此书前画出的，那么此图可以看作是作者激发和整理思维的结果，是非常有意义的；但若此图是读者照抄目录形成的图，那么这个过程并没有承载思维激发和思维整理的成分，其价值和意义也就大打折扣了。

在我去学校做培训的过程中，同样发现一些老师存在照搬目录的情况，就类似图 37 所示的情形（见图 38），从图 38 中看不出任何思维和思考的元素，因而也就失去了思维导图的真正意义。

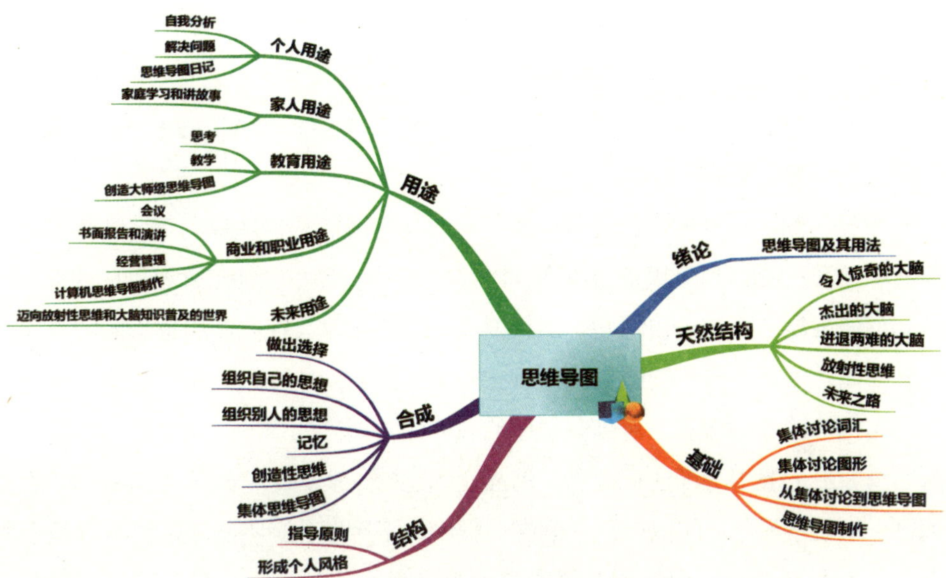

图 37　照搬目录的思维导图 1（《思维导图》一书）

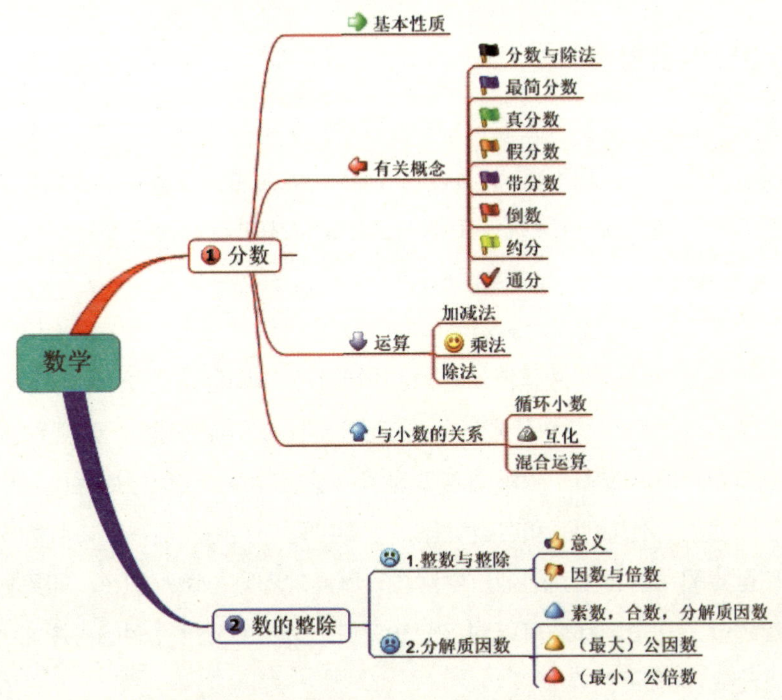

图 38　照搬目录的思维导图 2（小学数学）

对于初学者来说，犯这样的错误是非常正常的。认知心理学的研究告诉我们，人很难在两个陌生的认知通道里同时加工信息。在思维导图也比较陌生的情况下，通过书的目录来练习思维导图的绘制是一个很好的办法，但这样的练习对思维的提高以及对知识的深入理解帮助都不大。

在思维导图的绘制本身已经很熟练之后，我们就需要将注意力更多转移到思维本身而非画图的技法上，利用思维导图对书本内容进行深层次加工才是真正的目标。那么如何做才能达到这一目标呢？最重要的一点应该是：在绘制思维导图的过程中要抛开书本，根据你自己的回忆和理解去画图，此时做的不是简单的复制粘贴，而是挖掘自己对知识的理解。遇到有疑惑的或回忆不起来的情况，再打开书本阅读，理解后重新合上书本继续进行画图。前面介绍过的卡皮克记忆理论告诉我们“重复提取胜过细化学习”，所以在整个画图过程中，不用担心画不出来，也不用担心画错了，只要不断地去提取信息并努力建构起信息间的关系，有意义的学习就会真正发生。

禁忌 2：内容过多

用过思维导图后，很多人会感觉到思路打开，他们画的内容也就越来越丰富，一层套着一层。然而，一幅图不宜承载太多的内容，因为内容过多会给读图带来很大的负担（见图 39）。前面讲过思维加工都在工作记忆中进行，而工作记忆只能同时处理 5~9 个组块，依据这个原理，思维导图的分支数以 5~7 个为宜，尽量不要超过 9 个。同理，每个分支下的子分支也尽量遵循同样的规则。

解决这一问题的具体方法是把这些内容做到多张不同层次的图里，按照这些图表示内容的抽象和具体程度，我们可以分为宏观图、中观图和微观图。宏观图是整体图，微观图是细节图。但宏观图、中观图与微观图也是相对的。这就好比地图可以分为世界地图、国家地图、省市地图和区县地图。世界地图在其他图面前可以称为宏观图，国家地图在世界图和区县图面前则是中观图，区县地图则是微观图了。如果分支数没有过多，但超过了 9 个，那么可以对这些分支进行进一步分类，例如再增加一级分支把这些分支分成几类即可。

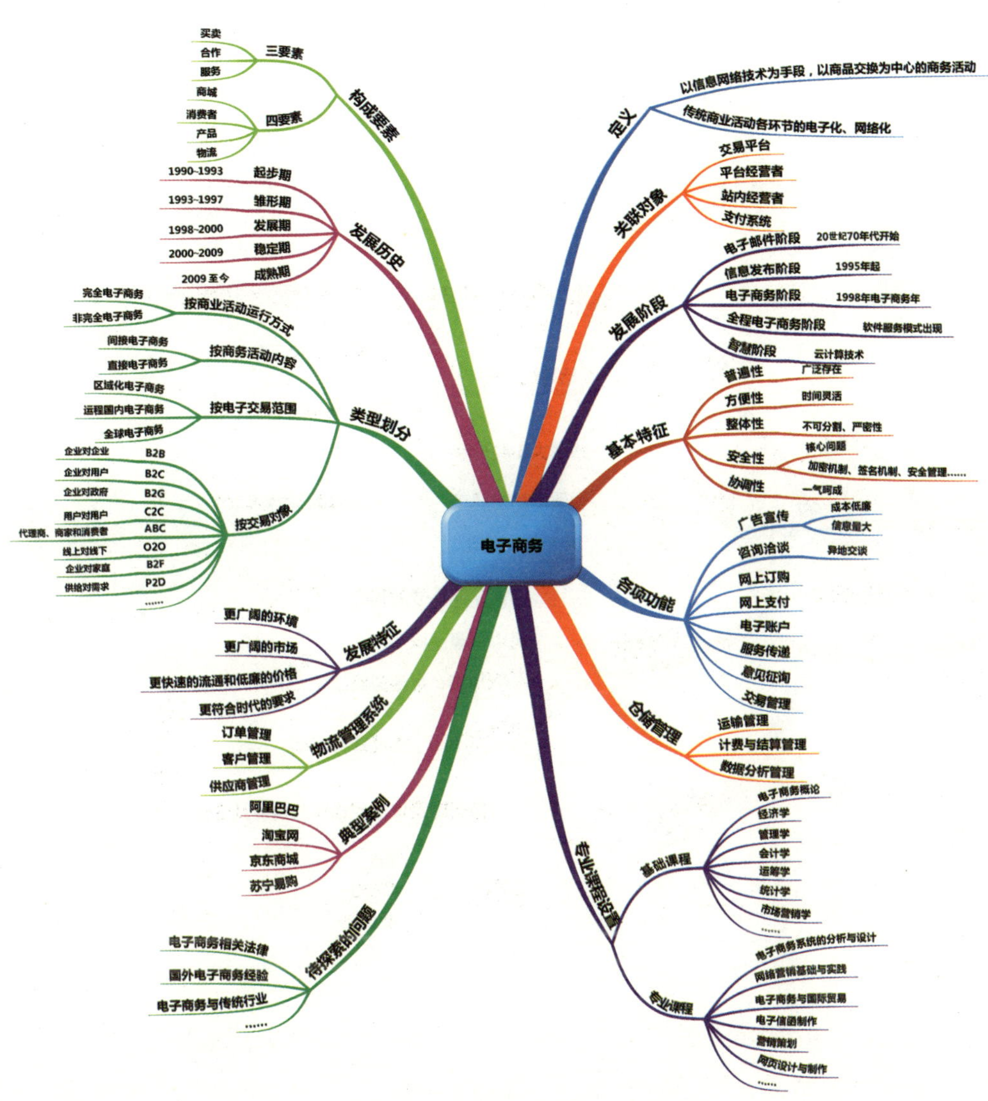

图 39　内容过多的思维导图示例

禁忌 3：连线错综复杂

在思维导图中，每一条连线都是一条思考的路径。不同分支间的连线可以用来表示跨分支间的关系，是思维导图非线性的重要体现，也是创造力发挥的重要机制。但凡事过犹不及，交叉连线不宜过多，多必乱，乱则无益，连线太多就会降低思维导图的可读性。

以下面这幅图为例，作者使用了大量交错的线条来表示节点之间的相互关系，导致这张图看起来像蜘蛛网一样，显得非常混乱，让人没有意愿继续读下去，增加了读图的认知负担（见图 40）。

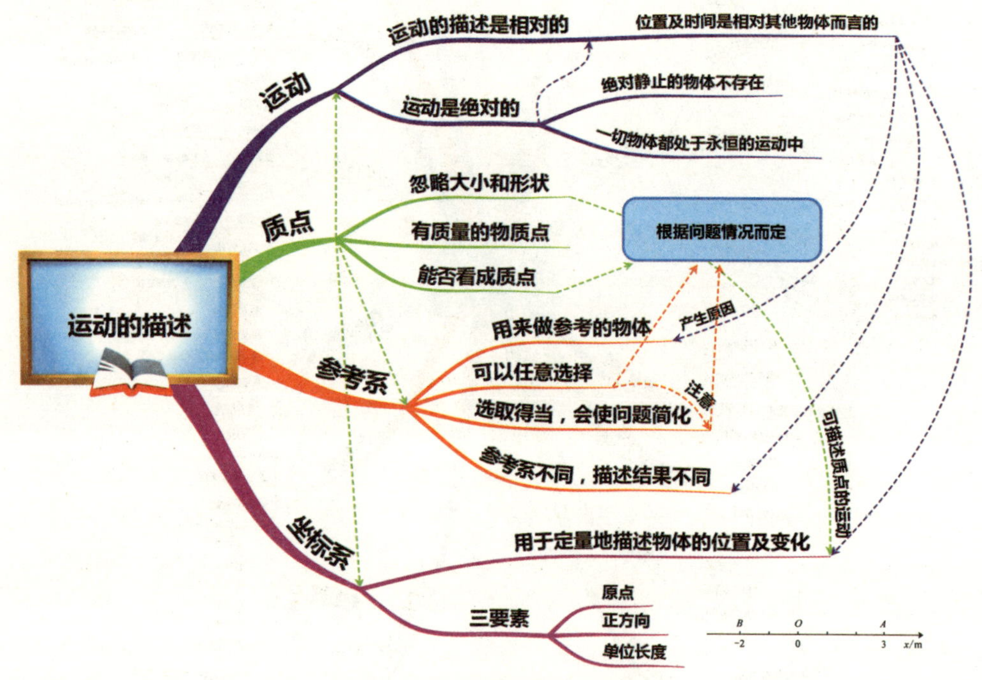

图 40　连线错综的复杂思维导图示例

所以，思维导图中的交叉连线不能太多，如果关系确实丰富，则建议改为使用概念图，具体可参照《孪生兄弟》一章。

禁忌 4：层次混乱

经常有老师和家长拿着学生或孩子的思维导图给我看，兴奋之情溢于言表，说孩子的想象力超出自己的想象。然而，只要稍稍认真看就会发现思维导图虽然画得密密麻麻，内容丰富，但层次混乱，让读者摸不着头绪。层次混乱不能说是一个错误，更应该说是思维整理不到位，具体体现在只完成了思维的激发，而没有关注到内部的层次关系。我们不能否认学生们突破思维束缚而进行的大胆联想，但未加整理的思维不会有任何的实际价值。

以图 41 为例，就思维的发散来说已经非常不错了，但是结构显得格外混乱，找不到节点之间的关系，给人的感觉就是一堆词语的堆积。所以，我们在绘制导图的过程中，布局是很重要的，按照分支的层级进行逐级发散，分支距离安排要合理，才能保证有条不紊。

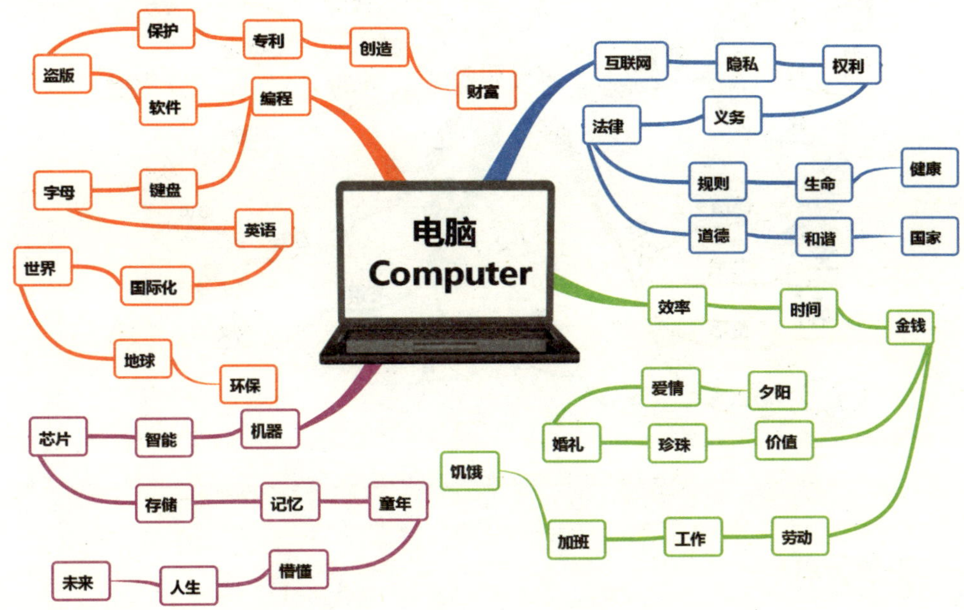

图 41 层次混乱的思维导图示例

禁忌 5：缺乏内在逻辑

好的思维导图能让人一眼看出内在逻辑，中等的思维导图需要解释才能让读者看出内在逻辑，糟糕的思维导图则本身就没有内在逻辑。

以图 42 为例，作者的中心主题是讲多元思考，但是在二级标题依次有语言、数学、空间、个人、社会、身体、器官、创造、伦理等 9 个维度的内容。若读者没有多元智能的背景知识，就很难发现图中的内在逻辑；但若学习过加德纳的多元智能理论，知晓多元智能的组成结构，就会发现该图是有很强的内在逻辑顺序的。但在“禁忌 4：

层次混乱”中给出的案例，就很难找出其内在逻辑是什么，就算有，估计也是混乱的。

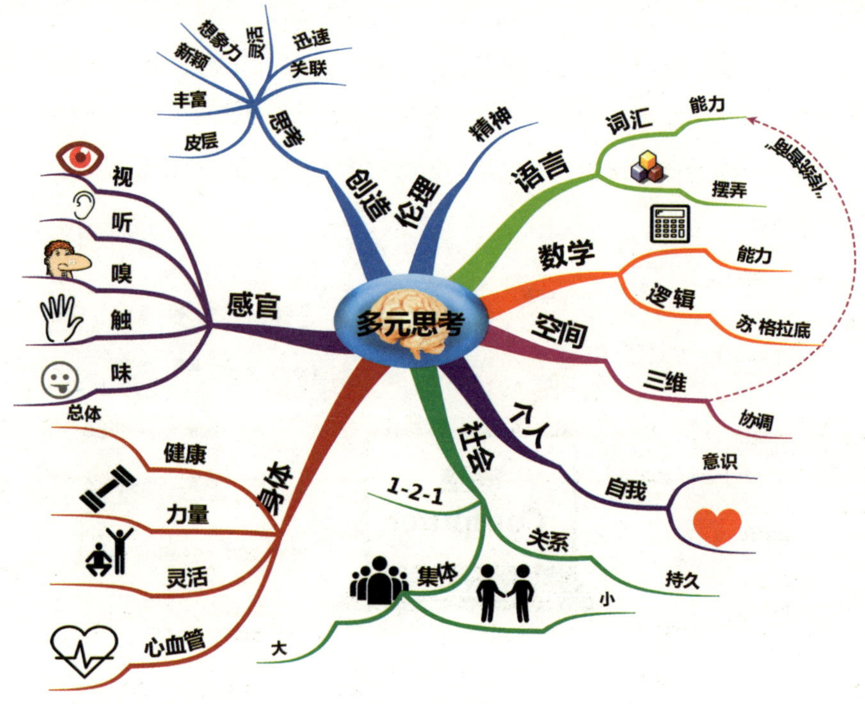

图 42　缺少内在逻辑的思维导图示例

本章要点

1. 绘制思维导图时，照搬目录不能体现思维激发和思维整理的过程，因而难以取得好的应用效果。
2. 层次性是思维导图体现清晰思维的重要手段，绘图时要时刻考察节点间的层次关系。
3. 连线是思考的路径，但过多的连线会带来迷宫式的困扰。
4. 受制于工作记忆加工的能力所限，一张图上承载的内容不宜过多，可以通过分解为宏观图、中观图和微观图来减轻认知负荷。
5. 良好的内在逻辑是思维优劣的重要指标，思维整理旨在提升这一逻辑性。

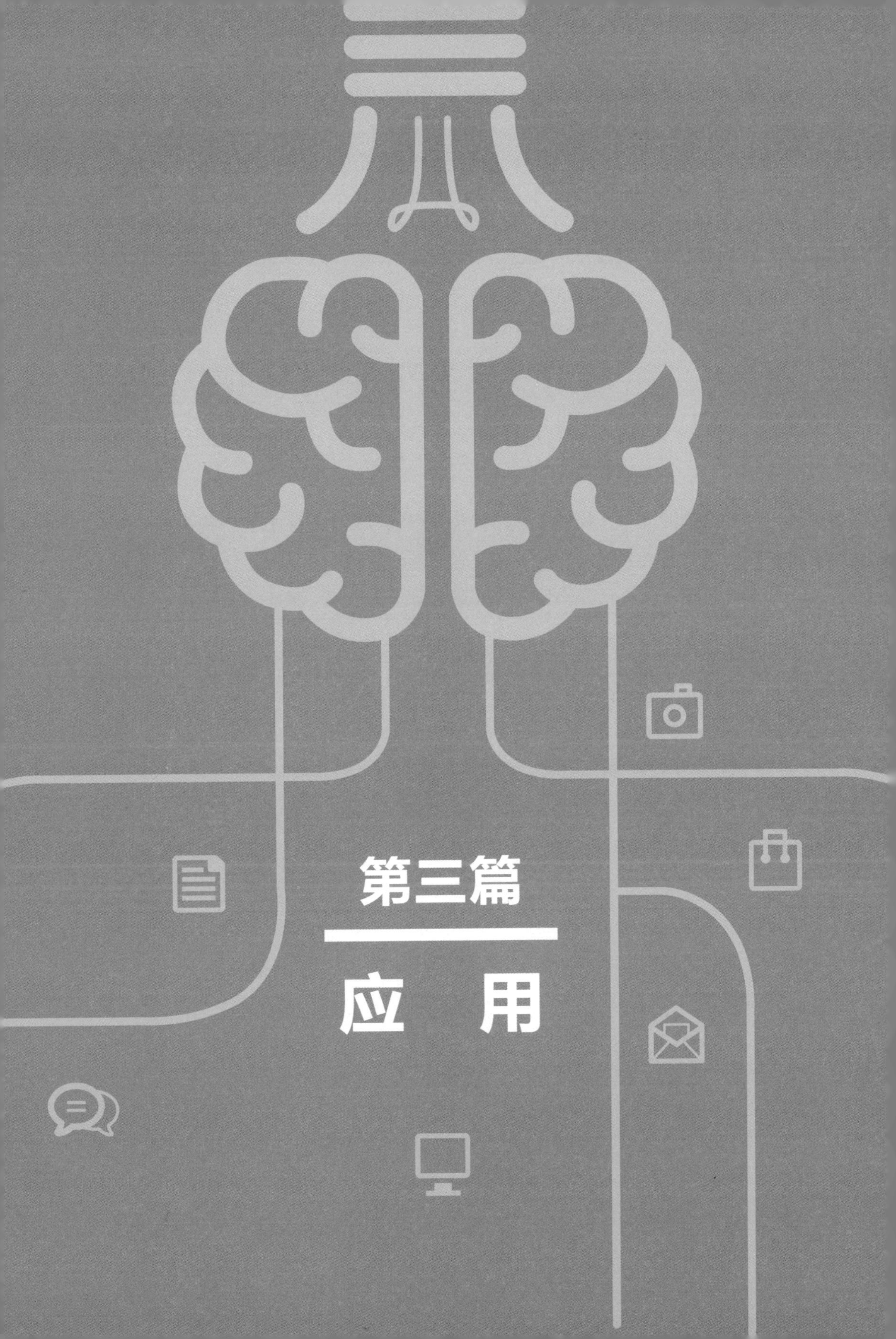

第三篇

应　用

第十章 认识自我——用思维导图实现自我对话

在前面的篇幅中，我们从理论视角对思维导图进行了分析，并从操作视角讲解了如何绘制思维导图，特别强调了思维导图绘制的规则及其禁忌。思维导图以用为本，因此只有真正的使用才能让其充分发挥价值。接下来我们将介绍思维导图在自我分析、教学、学习、工作以及组织管理方面的典型应用，让思维导图在我们最为常见的各种场景中大显身手，帮我们解决每天都面对而又常常忽视的问题。

为什么分析自我?

白朗宁有句名言："有勇气改变你能够改变的，有意愿接受你无法改变的，有智慧去分辨你是否有能力改变。"但人最大的敌人是自己的内心，最大的痛苦来源于对自身认识的不足，我们常常陷入各种迷茫、纠结与矛盾之中，因此认清自我是最大的人生难题。我们常常问自己诸如此类的问题，例如，我到底是一个怎样的人?我到底想要什么样的人生?我的重点应该放在什么地方?

思维导图为我们提供了一个与内心对话的有效方式，通过思维导图分析自我，可以让我们更清晰地认清自己的优势与不足，从而帮助我们降低焦虑、增强自信、辅助决策、让眼光更长远、做事也更加有的放矢。将自我分析的思维导图和家人或朋友分享，也可以让他们更好地了解我们。

那么具体该如何实施呢?这个问题的答案取决于我们想要解决的实际问题。我们不仅可以用思维导图做一个自己的整体性格分析，也可以用来解决一个特别具体的问题，譬如缓解焦虑、应对竞争、突破人生瓶颈、改善人际关系等（见图 43）。下面我们给一些具体的例子。

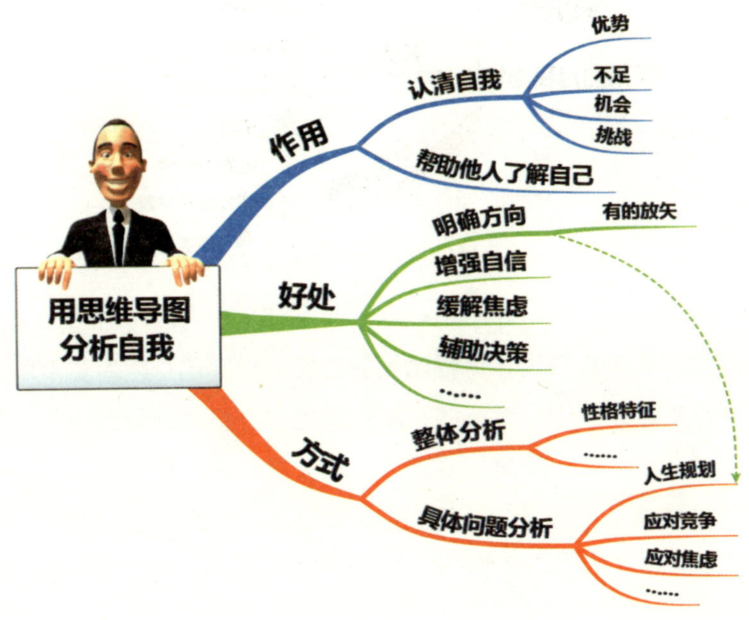

图 43　运用思维导图分析自我

应用思维导图剖析自我

人最不了解的可能是你自己。由于人的内心是难以直接触摸的，我们往往要通过外界的反馈去认识自我。在日常做人和做事的过程中，内心的优点与不足都会得到某种程度的外显。儒家倡导“日三省吾身”，只要我们抓住这些外显的现象并加以反思，就可以不断捕捉自身的内心，从而不断寻找更新自我的着力点。

当我们将捕捉到的这些片段用思维导图加以整理归纳后，一个活生生的自我就跃然纸上了！此时，我们就可以有针对性地去发扬优点并克服缺点。图 44 是一个用于自我剖析的思维导图示例，这幅思维导图的作者在仔细分析了自身的优点和不足之后，找出了自我整改的措施。

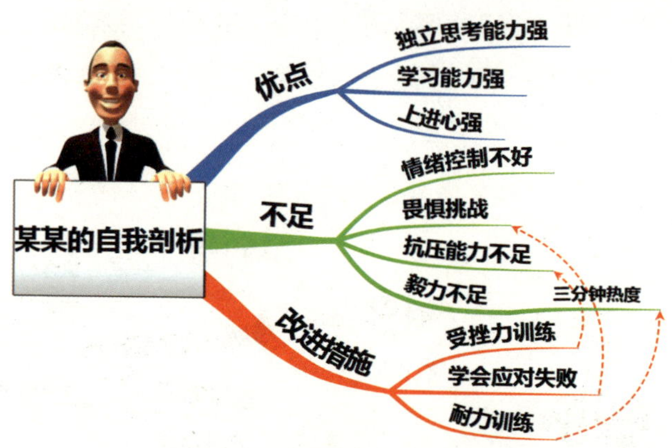

图 44 思维导图自我剖析示例

熟悉我的读者不难发现，这幅图画的其实是我自己。因为图中所列的这些优点，我在求学的路上可谓一帆风顺，高歌猛进，一路读到博士毕业；但也因为这些不足，让我在机会面前屡屡犹豫不前，在关键时刻也总想打退堂鼓。我相信还有很多人的性格特征和图 44 中描述的非常相似，如果恰巧您也是，就不妨参考一下图 45 中的改进措施，调整一下面对失败的态度，勇敢地去接受失败，在失败中成长吧！

应用思维导图缓解焦虑

我们常常陷入各种焦虑之中，但 90% 以上担心的事情实际都是不会发生的。从某种程度上讲，很多人一辈子就失败在过度焦虑上，焦虑比糟糕的结果本身对人的伤害更大。就好比你如果不小心摔了一跤，爬起来会觉得没什么；但若有人告诉你今天会摔一跤，那就可能要担心整整一天了！

被誉为 20 世纪最伟大的心灵导师和成功学大师的卡耐基（1948）发明了一套克服忧虑的魔术方程式。第一步是问自己“可能发生的最糟糕的状况是什么”，第二步是准备去接受最坏的状况，第三步是设法去改善最坏的状况。

举一个具体的例子，过去我患有社交恐惧症，见到领导和老师都躲得远远的，读本科时遇到师兄师姐也都不敢打招呼，去师兄宿舍找他们借本书都是非常的惶恐。运用卡耐基的模型分析一下，用思维导图呈现如图 45 所示。在运用思维导图将上述分析过程可视化之后，是不是感觉压力一下子小了很多呢？

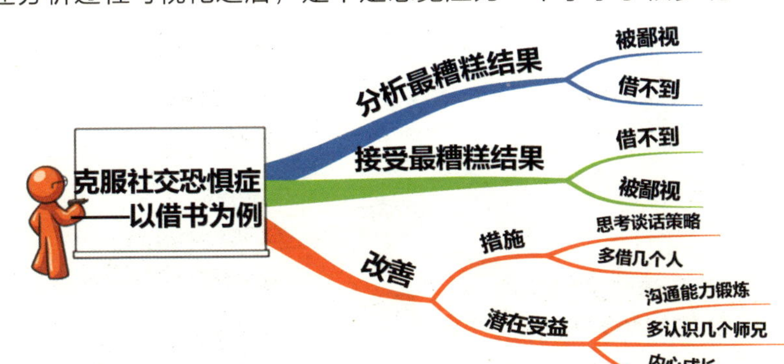

图 45　思维导图克服焦虑示例

应用思维导图应对竞争

人类进入 21 世纪以来，生活节奏日益加快，竞争也越来越激烈，那么如何应对竞争？《孙子·谋攻篇》有言：“知彼知己，百战不殆；不知彼而知己，一胜一负；不知彼，不知己，每战必殆。”可见，要想立于不败之地，重要的是知己知彼。

有很多的分析框架都可以帮助我们实现竞争分析，譬如双气泡图（参见《并驾齐驱》一章）、比较矩阵和 SWOT 分析等。这里介绍 SWOT 分析，以及如何将 SWOT 分析与思维导图结合使用。

SWOT 分析法又称为态势分析法或优劣势分析法，它是由旧金山大学的管理学教授于 20 世纪 80 年代初提出来的，现今广泛且深入地应用于企业的战略分析当中。SWOT 分析通过对优势、劣势、机会和威胁的加以综合评估与分析得出结论，帮助我们调整对自我的认识，从而实现个人目标。SWOT 四个英文字母分别代表：优势（Strength）、劣势（Weakness）、机会（Opportunity）、威胁（Threat）。从整体上看，SWOT 可以分为两部分：第一部分为 SW，主要用来分析内部条件；第二部分为 OT，主要用来分析外部条件。利用这种方法可以从中找出对自己有利的、值得发扬的因素，以及对自己不利的、要避开的东西，发现存在的问题，找出解决办法，并明确以后的发展方向。

图 46 是一个用思维导图进行 SWOT 分析的示例（iMindmap 等思维导图软件

中会提供 SWOT 分析模板）。

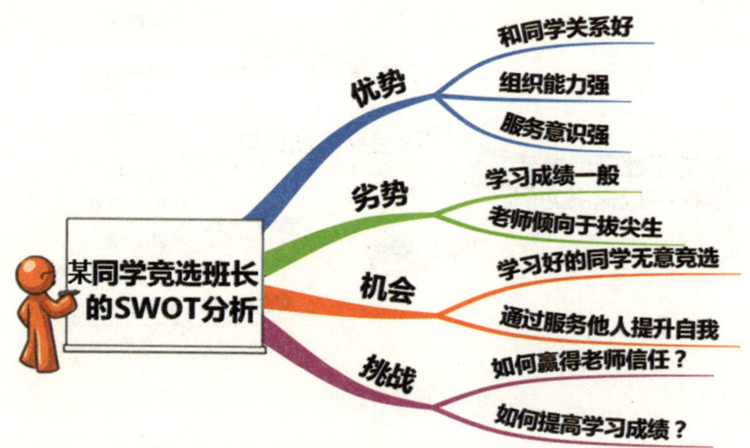

图 46 应用思维导图进行 SWOT 分析示例

结合各种自我分析的方法，利用思维导图，进行自我反省和分析，并逐渐将其养成为一种习惯，我们的思维方式也会慢慢地发生转变，这是一个通过外化促进内化的过程。

应用思维导图进行总结反思

微信朋友圈流行一句话："My goal in 2015 is to accomplish the goals of 2014 which I should have done in 2013 because I made a promise in 2012 and planned in 2011." 翻译成中文就是：我 2015 年的目标就是完成 2014 年的目标，而这些是我应该在 2013 年完成的，因为这些是我在 2011 年计划并在 2012 年承诺过一定要完成的。这句话具有很强的讽刺意味，从一个侧面反映了人们执行力的低下。

计划往往赶不上变化是很多人完不成任务时的借口，但阶段性的总结反思却能帮助我们更清晰地认清任务延期的原因，并采取及时的补救或调整措施。图 47 是一幅 2014 年度总结反思的思维导图，还是拿我最熟悉的高校教师的工作场景举例（部分是我自己的，但不全是）。

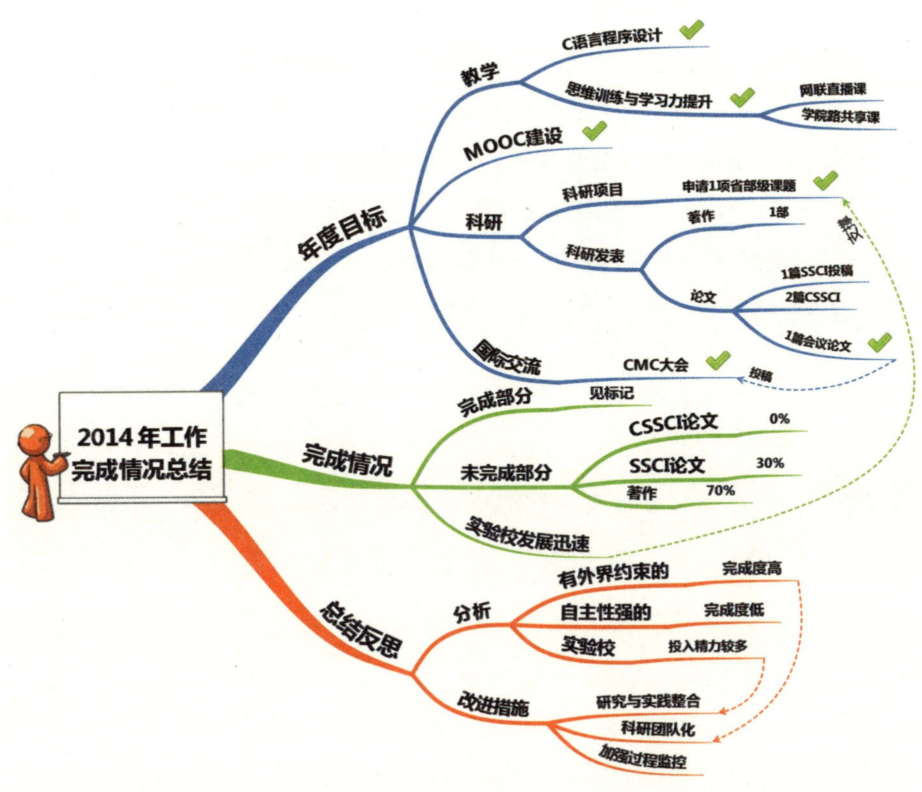

图 47　应用思维导图进行总结反思示例

从图 47 中可以看出，该老师在 2014 年完成了计划中的一多半任务，但由于在课题开展中进入学校投入时间较多，未能很好地实现成果物化。经过分析也发现，凡是有较强外界约束的任务（如学校的课程、必须参加的会议、上级交付的任务）完成度较高，但靠自我监督的任务（如论文撰写和发表）完成度就偏低。改进措施是在投入精力较多的实验校指导环节中更多融入科研的比重，同时加强科研的团队化，建立互相监督和约束的成果产出机制，以及加强过程的监控。

本章要点

1. 思维导图作为一种思维可视化工具，可以作为自我对话的媒介工具。
2. 通过思维导图剖析内心，帮助人们更清晰地认识自己，从而更精准地设定人生目标、更好地扬长避短、更有针对性地提升自我。

3. “问自己可能发生的最糟糕的状况是什么、准备去接受最坏的状况、设法去改善最坏的状况”是克服忧虑的魔术方程式，通过思维导图将这一分析过程可视化，能让分析过程更清晰，从而达成更好的效果。
4. 运用 SWOT 模型分析自我以及竞争对手，能更好地让自己处于有利的位置，思维导图的可视化功能让这一过程更清晰。
5. 运用思维导图对自己进行阶段性总结反思，有利于过程的监控和目标的及时调整。

本章参考文献

[1] 戴尔·卡耐基．卡耐基人性的优点 [M]. 刘祜，译．北京：中国城市出版社，1948.

第十一章 谋定后动——思维导图辅助个人时间管理

上一章我们介绍了如何用思维导图实现自我对话，这一章我们介绍如何用思维导图做个人时间管理。之所以这么安排，是因为时间管理的本质是对自身的管理，只有在对自身有了深刻的认识之后，做出的时间管理方案才合理和可行。

在这里，思维导图指示一个可视化工具，具体实施时还是要依靠具体的思维工具（在这里表现为时间管理方法）。下面我们就来介绍这些时间管理方法，并用思维导图帮助实现。

四大时间管理方法

根据不同的需要，我们可以选择不同的时间管理方法，比较常用的时间管理方法有备忘录法、计划法、四象限法和二八原理法。

备忘录法

好记性不如烂笔头，备忘录是最简单也最常用的时间管理方法。备忘录法人人可用，以一位普通的老师为例，每周的什么时间要上课，什么时间要开会，什么时间要参加重要的活动……如何不耽误或遗忘这些活动呢？最有效的方法就是使用备忘录。纸质的日历、手机日历、Outlook 软件等都是非常好的备忘录工具。

当然，用思维导图做备忘录也是不错的主意，根据不同的情况还可以制作年度备忘录（一年中重要的大事）、月备忘录和周备忘录。用思维导图制作的备忘录能更清晰地展现事件和事件之间的关系。

计划法

备忘录适用于管理时间相对固定、事务比较少的情况。当事务逐渐多起来并且时间具有一定的灵活性时，备忘录就不再适用了。此时，你就需要对事务进行整体的规划，对时间进行合理的安排。此时我们就用到第二种时间管理方法——计划法。比如在每个星期开始前，提前想一想这一周都需要做一些什么事，这些事都分别安排在什么时间做。如果说备忘录法是被动的时间管理的话，那么计划法就是一种主动的时间管理方法。

运用思维导图做计划具有较大的优势：一是整体感强；二是调整起来非常方便。图 48 是一个思维导图做计划的示例。

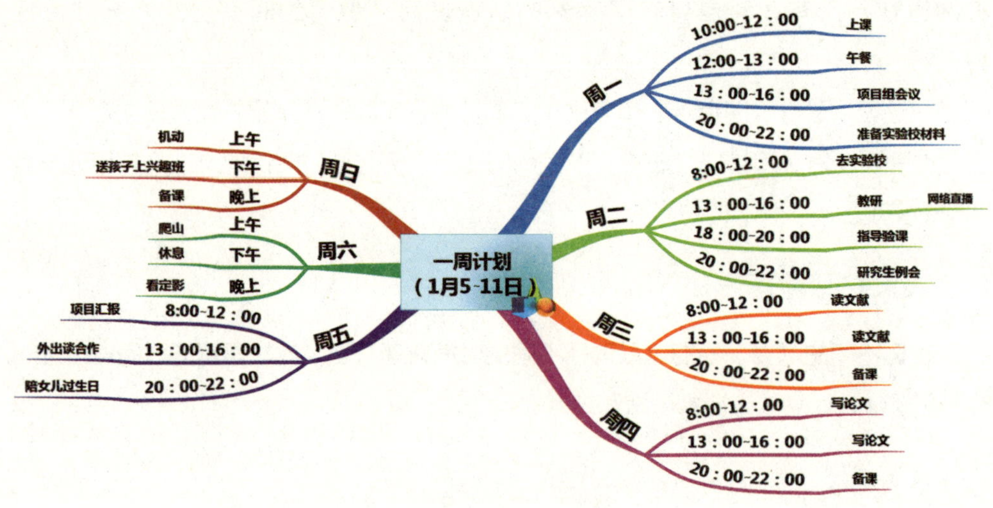

图 48　思维导图做计划示例

四象限法

在事务总量进一步增加以后，你会发现要把每件事情都安排到时间表上越来越困难，这时就需要思考应该优先做什么，以及在时间不够的情况下应该舍弃哪些事务。

四象限法就是一种有效应对大量事务的思考方法。四象限法将我们要做的工作按照它的紧急程度和重要程度划分成 4 种类型，用二维坐标系来定位，正好位于 4 个不同的象限（见图 49）。

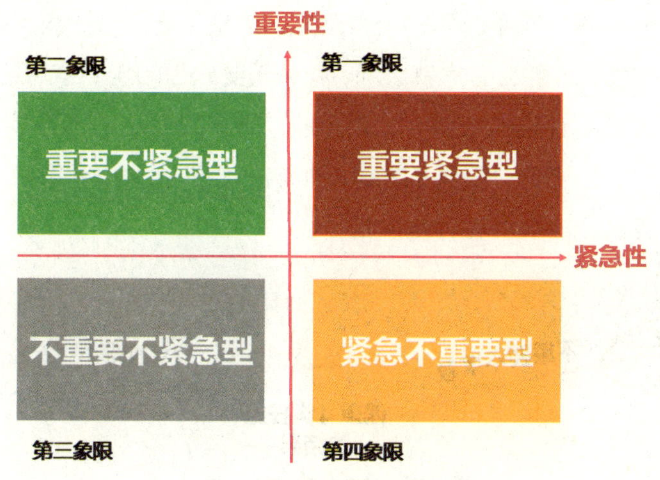

图 49　时间管理的四象限法

第一象限是重要紧急型任务，这类任务包括紧急会议、临近的考试等。第二象限是重要不紧急型任务，如学生要准备 3 个月以后的期末考试，读大一时为大四的考研或者出国做准备等。第三象限是不重要也不紧急型任务，这类任务包括逛街消磨时间，或者漫无目的地刷刷微信朋友圈和微博等。第四象限是紧急但不重要型任务，如别人的骚扰电话、不速之客的拜访等。

当然，同样的事情对不同的人来说可能被归入不同的类型。同样是不速之客的拜访，对一位深耕的作家来说是紧急不重要型，但对一直苦苦等待机会的人来说却是非常重要的机会。

那么问题来了，当 4 类任务同时发生时，它们在你心中的优先级顺序是什么？很多人会回答第一象限→第四象限→第二象限→第三象限，因为第一象限和第四象限的任务看上去都是要马上着手做的，第三象限的任务显然是可有可无的。那么如果问题换成：你的时间如何在这 4 类任务上进行分配？不同于上一个问题是

面对众多事务的应对策略，这个问题是日常任务的处理策略。

那么我们需要看一看偏重不同的任务会有哪些结果？如图 50 所示，当我们把大量时间用于处理重要紧急的事情时，会感受到压力巨大，常常筋疲力尽，忙于处理各种危机，总是在收拾各种残局；但是，当我们把精力多花在处理重要不紧急的事情上的时候，那会成为一个有远见、注重平衡、守纪律且自制的人，这样的人很少会有危机。那么有人就会问，我每天要处理的重要紧急的事情那么多，哪有时间去做重要不紧急的事情呢？要知道，所有的重要紧急的事情都是从重要不紧急的事情转变过去的，如果你能逐渐把自己的注意力放到重要不紧急的事情上，那么重要且紧急的事情就会越来越少。

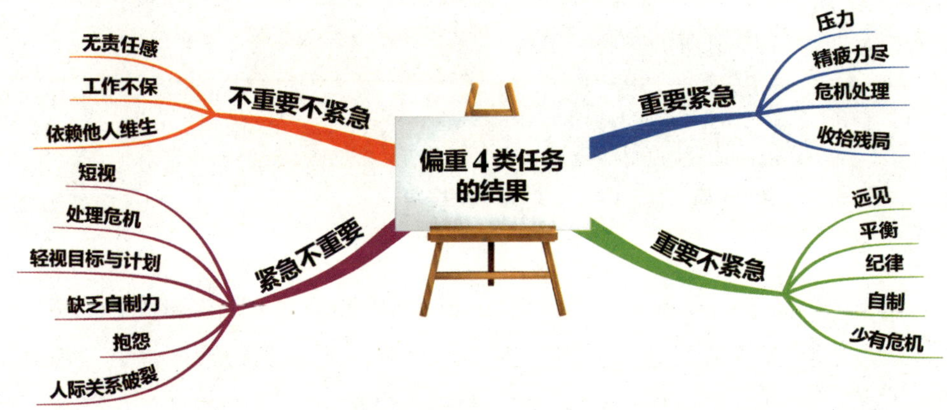

图 50　偏重不同类型任务的结果

那么我们对待这 4 类任务的态度应该是什么样的呢？对于重要紧急型任务，我们要努力控制，避免其扩大化；对于重要不紧急型任务，我们要多投资，因为只要我们多做一点，将来就会有回报；对于紧急不重要型任务要尽量减少，而对于不重要不紧急型任务应该尽量避免。重要不紧急型任务好比石块，重要紧急型任务好比碎石，不重要紧急型任务好比细沙，不重要不紧急型任务好比作水。假如我们把有限的时间比作一个大水缸，那么把水缸装满的智慧方法就是先装石块，然后装碎石，再装细沙，最后灌满水。（成君忆，2003）

思维导图无疑是帮助我们完成四象限分析的有效工具。图 51 是一个本科同学对手头任务进行的四象限分析。

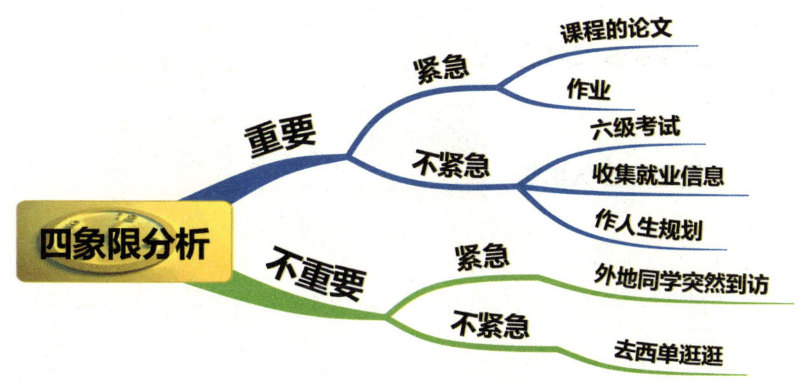

图 51　思维导图用于四象限分析示例

二八原理法

当有些人的重要紧急和重要不紧急事情太多，用四象限法仍然力不从心时，这时候有了二八原理法，也叫作帕累托时间管理原则。二八原理是 19 世纪意大利经济学家帕累托提出的[⊖]，其核心内容是生活中 80% 的结果几乎源于 20% 的活动，如世界上 80% 的财富是被 20% 的人掌握着，世界上 80% 的人只掌握了 20% 的财富；又如，你拥有一款功能强大的智能手机，但是你在大多数情况下只会用到它不到 20% 的功能。

那么对于我们的时间管理来说，我们可以把要做的事情分成两大类：一类是占用 80% 时间的琐碎的多数事情，但这些琐碎事情只带来了 20% 的成效；另一类是占用 20% 时间的重要的少数事情，但这少数重要事情却带来了 80% 的成效（见图 52）。

所以，时间管理的目标是从自己的工作时间表里找出那最有价值的 20% 的时间，并努力将它扩大到 40%、50% 甚至更大的份额，在这个过程中不断优化你的时间，总之，要尽量压缩低价值时间。

⊖ 80/20 法则（The 80/20 Rule），MBAlib。

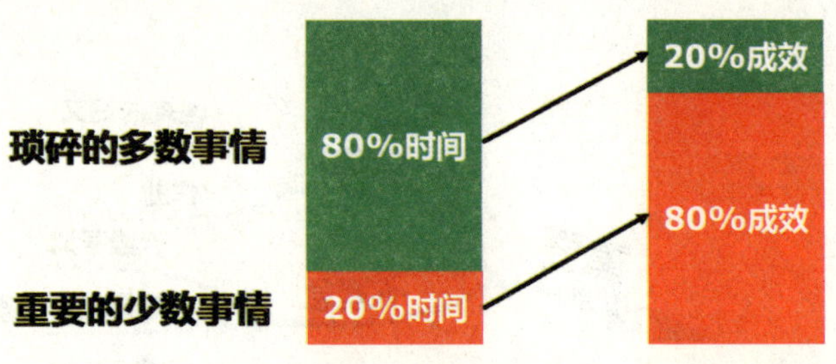

图 52　二八原理在时间管理上的应用

虽然二八原理是一个高效的时间管理方法，但是过度使用也会带来问题。比如会被认为过于功利，从而导致人际关系恶化。

思维导图就能够快速地帮助人们分清主次，安排日常事物，并找出易于浪费的"隐性时间"。例如，思维导图用于计划法，如一周工作计划，我们可以用它很清晰地明确一周的工作任务；思维导图用于四象限法，可以帮助我们把众多任务进行归类，便于我们直观了解到哪些任务需要投入精力，哪些任务可以舍弃；思维导图用于二八原理法，可以帮助我们确定不同事情的投入和收益关系，从而提高效率。图 53 是一个应用思维导图进行二八分析的示例。

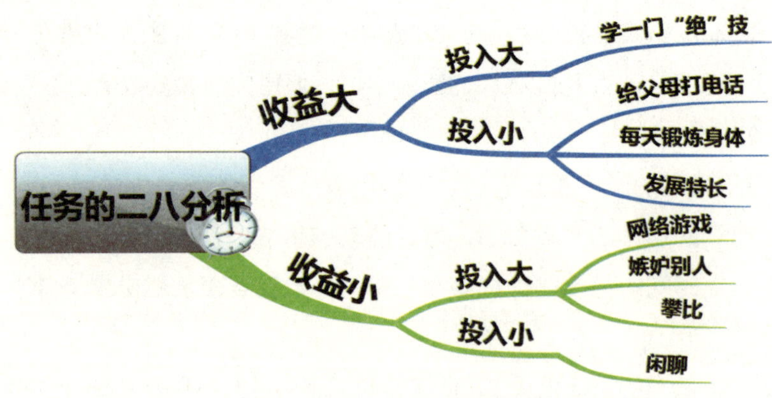

图 53　思维导图用于二八分析示例

个人时间管理步骤

以上 4 种时间管理方法没有谁比谁更优越的问题，更不存在谁替代谁的问题。在实际操作过程中，我们往往综合采用多种时间管理方法。在此，我给出一个个人时间管理的完整步骤（见表 4）。

表 4　个人时间管理步骤

步骤	任务	说明
第一步	明确目标	我们在做任何事情之初都要明确目标
第二步	任务列举并归类	列举出实现目标需要完成的事情，需要用思维导图来对任务进行归类，减轻认知负荷和压力，同时在归类过程中可以帮助避免遗漏我们没有想到的重要任务
第三步	大任务分解为小任务	如果不把大任务分解为小任务，那么任务是很难完成的。比如你的任务是写一篇一万字的论文，那么你很有可能会一直拖延下去，但是当你把任务分解为读文献、写框架、每天写 1000 字等一系列小任务时，就会大幅度降低自己的压力和焦虑情绪，更高效地完成任务。所谓“创意工作机械化”就是如此，比如在我写本书的时候，每天都要求自己写 1000 字，只要坚持写 10 天就有一万字了，然后再花几天时间重新审视、整理这一万字，慢慢打磨。这一步的工作也是需要思维导图帮助我们来完成
第四步	优先级排列	运用四象限法和二八原理法，在思维导图的支持下完成
第五步	小任务落实到时间表	运用计划法将小任务落实到一周当中的每一天，也就是一周用一张思维导图，甚至可以一天画一张思维导图，更加详细地指引我们的工作和生活
第六步	执行和检查	对照着思维导图，标注出已完成的事情和待完成的事情

建议读者尝试运用思维导图做出您的时间管理，可以是下一周的、下个月的、下一年的、下一个五年的以及人生规划等。

时间管理的“火车晚点效应”

我上大学时一直坐绿皮火车来北京，那时火车晚点的概率非常高，从合肥到北京原定 17 个小时的火车常常晚点到 24 个小时。我惊讶地发现火车晚点的趋势其实是不断增大的，从一开始晚点 1 个小时、2 个小时的广播通知不断增加到最后晚点 7 个小时。我就在思考，为什么火车晚点的趋势是不断增大的呢？后来想明白了，因为晚点的火车必须为正点的火车让路。

我们完成工作任务也是一样的道理，总觉得明天再完成也不迟。但到了明天有明天的工作，今天耽误的工作就会一直耽误下去。这些被耽搁的工作就成了停在铁轨上永远到不了站的火车。时间管理的一个重要目标就是要让火车少晚点，同时让那些已经晚点的火车尽可能早到站。通过梳理任务，找出时间空当，让拖延着的事情尽快完成。

时间管理是计划将来，还可以用思维导图记日记来总结过去。将两者结合是提高执行力的重要步骤。

本章要点

1. 备忘录法、计划法、四象限法和二八原理法是 4 种常用的时间管理方法。
2. 备忘录法适用于任务不多又时间固定的任务管理，是一种被动的时间管理方法。
3. 计划法适用于任务较多时间又灵活的任务管理，是一种主动的时间管理方法。
4. 四象限法将任务分成重要紧急、重要不紧急、不重要紧急和不重要不紧急 4 种类型，不同的时间分配会导致不同的结果。
5. 二八原理法将任务分为重要的少数事情和不重要的多数事情，我们需要尽量将时间投入到重要的少数事情上。
6. 实际操作过程中，我们往往综合采用多种时间管理方法。“明确目标—任务列举并归类—大任务分解为小任务—优先级排列—落实到时间表—执行和检查”是一个完整的个人时间管理框架。
7. 思维导图作为可视化分析工具，可以支持各种类型的时间管理，也可以用于个人时间管理的全过程。

本章参考文献

[1] 成君忆 . 水煮三国 [M]. 北京：中信出版社，2003.

第十二章 纲举目张——思维导图促进学习

上一章讨论了如何运用思维导图进行个人时间管理，介绍了备忘录、计划、四象限和二八原理等典型的时间管理方法，并给出了个人时间管理的基本步骤。最初，思维导图是为解决学习问题而生的，本章将介绍如何运用它促进学习。

从机械学习迈向意义学习

电影《死亡诗社》中有这样的一个场景：威尔顿预科学院的课堂上，学生们争分夺秒地记录着写在黑板上的每一个字，甚至竭力想把老师讲的每句话都抄录在笔记本上，而大多数内容正来自手里的教科书……突然基丁老师顿住了，"鬼话，这全都是鬼话"，他要学生们撕掉这些空洞、照本宣科的内容，解放思想，充分发挥自己的主动性，去批判思考，去亲自感悟，而非不假思索地被灌输，成为一个听话的机器。

今天，"抄写员"式的学习方式已经无力应对知识的更新速度。在《何以有效》一章中，我们曾经介绍过奥苏贝尔的有意义学习理论，并用其对思维导图的有效性进行了解释。有意义学习理论告诉我们，学习是新旧知识建立联系的过程。我们不仅要学习知识，更重要的是在学习知识的同时练就主动建构知识的本领。

有人学习能力强，也有人存在着一些学习障碍。能力强的学习者学习速度快、迁移能力强好、知识面也更广，究其原因主要是他们建立了更为清晰、稳固的知识网络结构。在学习新知识时，他们能迅速地找到新旧知识的结合点，从而迅速将新知识纳入已有的认知结构中。而能力弱一点的学习者之所以学习速度慢，主要是由于他们缺乏一套有效的知识建构方法，他们对知识的加工是零碎的，不成体系的，这样学习负担自然就重，学习效果也更差。

由此可见，关注已有认知结构并建立新旧知识之间的连接是非常重要的。下面我们将从听（笔记）、说（演讲）、读（阅读）、写（写作）和复习五个环节分别介绍如何运用思维导图促进这一连接的生成。

听——用思维导图记笔记

好记性不如烂笔头，记笔记对学习有着积极的促进作用。在《追根溯源》一章中我们曾经对比过传统的线性笔记和思维导图笔记，了解到思维导图在笔记方面有着巨大优势。

需要注意的是，运用思维导图记笔记不是为了简单地记录知识点，而是要建立起各种各样的联系，这些联系包括以下内容。

① 老师讲课的线索。在听课过程中，学生可以用思维导图记录老师的讲课思路，把零碎的“珍珠”串成“项链”，这样可以帮助学习者从老师的思考视角对知识进行加工。从认知负荷理论看，只有把零碎的知识串连成有机整体，扩大组块的容量，减少组块的数量，才能降低学习者的认知负荷。

② 新知识自身的内在联系。老师讲课的线索依然是线性化的，学生在听课时需要不断去发现知识内部的联系，还原知识本身的内在结构。

③ 新旧知识之间的联系。在听课过程中，及时地把自己的理解添加到思维导图中，这样新旧知识就有效建立起了联系。

图 54 是一位同学在一节历史课上所做的思维导图笔记。这幅思维导图传递的信息量很大，如果用传统的线性笔记来记录，一来难以建立起课堂的整体感，二来会在记录上花费较多时间。用思维导图记笔记时，尽管老师的思路是线性的，但是学生可以根据自己的理解实时把内容添加到合适的地方去。举个常见的例子，老师说“我刚才讲 ××× 的时候忘了一点”的时候，如果选用传统笔记，学生大

多会按其老师的讲解顺序记录在密密麻麻的文本中，这对理解和复习都非常不利。但在思维导图笔记中，学生能方便地将其补充到合适的位置上。

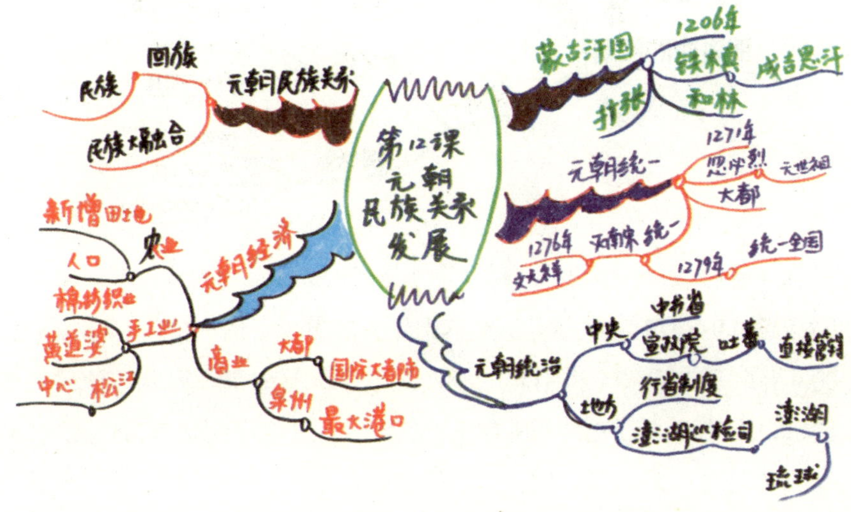

图 54　思维导图课堂笔记

可以看出，用思维导图记笔记的过程也是学习者对知识进行动态加工的过程，能帮助学习者建立起知识间的联系，促进深入理解。另外，教师观察学生的思维导图笔记时，可以清晰地看出学生学习中知识的遗漏以及产生的误解，反过来帮助教师进行有针对性的教学。

说——用思维导图辅助演讲（发言）

这里的演讲是广义的演讲，也就是在公众面前发表自己的观点，不仅包括正式的公众演讲，也包括在课堂上的发言。演讲通常有有稿演讲和即兴演讲两种。学生在课堂上的发言通常以即兴为主。

对于即兴演讲来说，主要困难莫过于不知道讲什么（没内容）、不知道怎么讲（没思路）和慌乱，而没内容和没思路是导致慌乱的主要原因。如果在即兴演讲前，用几分钟时间在纸上简单画个思维导图，一边激发思维一边整理思维，这样就会做到心中有数了（见图 55）。

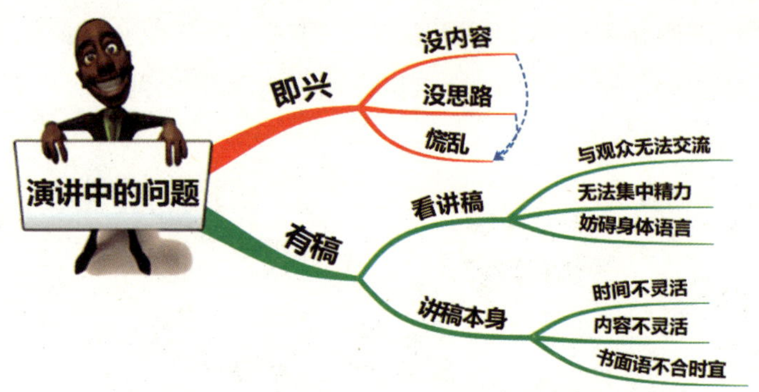

图 55　演讲中的问题

而对于正式的有稿演讲，问题并不比即兴演讲少。此时的问题可以分为看讲稿引起的问题以及由讲稿本身引起的问题。由于要看讲稿，可能导致演讲者无法与听众进行目光交流，无法集中精力在听众身上，讲稿还会妨碍身体语言的发挥。讲稿自身也会引发一些问题，如：时间不灵活，在时间被大幅压缩时缺乏弹性空间；内容不灵活，在内容被前面演讲者讲过或需要修改时不方便；书面语的问题，可能发现写的讲稿过于书面化，导致现场气氛过于严肃等。

思维导图可以用于演讲前的准备以及演讲中的思路指引（见图 56）。在演讲前，思维导图可以帮助演讲者聚焦在中心主题上，快速发散思维，确定与主题相关的各种想法和资料，然后再对这些内容进行精简和归类整理，确定演讲的逻辑结构，最后可以根据演讲的时间来进行时间分配，确保在规定的时间内详略得当地完成演讲。

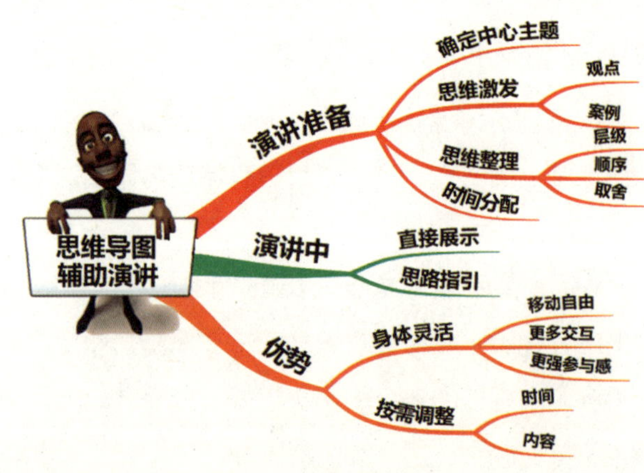

图 56　应用思维导图辅助演讲

在演讲中，可以直接用思维导图完成展示，让听众和演讲者思维同步；也可以只是简单用来指引演讲者思路，甚至可以把图记在脑海中，直接来一次脱口秀。

运用思维导图辅助演讲可以帮助演讲者克服因频繁看讲稿而导致的各种问题。无论是即兴演讲还是有稿演讲，用思维导图激发和整理思路都可以在最短的时间收获最好的效果，再也不会遭遇类似“此处要停顿，可能有掌声”的尴尬了。

读——思维导图促进高效阅读

阅读是人类追求进步的阶梯，有研究称三年级是学生学习能力发展的分水岭，因为三年级之前主要是通过知识来学习阅读，但三年级之后则是通过阅读来学习知识。可见阅读对一个人的成长有多重要。

在阅读的时候，人们感觉到最痛苦的是书读起来津津有味，但事后能回忆起来的却不多，再次拿起书本又有种似曾相识的感觉。从教育目标分类学的视角来看，“似曾相识”说明学习者达成了“提取”中的“再认”目标，想不起来说明尚未达成“提取”中的“回想”目标。《一探虚实》一章曾经分析过“回想”要比“再认”更困难一些，因为“回想”需要更为丰富的“提取线索”。如果在阅读中运用思维导图完成对知识的深层次建构，“提取线索”就会丰富且有效起来，届时能想起来的也就越来越多了。

《如何阅读一本书》将阅读分为基础阅读、检视阅读（略读）、分析阅读和主题阅读 4 个层次，这些层次是渐进的，第一层次的阅读并没有在第二层次的阅读中消失，第二层又包含在第三层中，第三层又在第四层中，第四层是最高的阅读层次，包括了所有的阅读层次，也超过了所有的层次。（艾德勒和范多伦，2004）

基础阅读也称初级阅读、基本阅读或初步阅读，其基本含义是认字，一个人只要熟练掌握这个层次的阅读，就摆脱了文盲的状态。（艾德勒和范多伦，2004）

检视阅读强调时间，读者必须在规定的时间内完成一项阅读的任务。譬如用 15 分钟读完一本书，或是同样时间内念完两倍厚的书。（艾德勒和范多伦，2004）

分析阅读是全盘的阅读、完整的阅读，或是说是优质的阅读。如果说检视阅读是在有限的时间内，最好也最完整的阅读，那么分析阅读就是在无限的时间里，最好也最完整的阅读。（艾德勒和范多伦，2004）

主题阅读也称为比较阅读，是所有阅读中最复杂也最系统化的阅读。在做主题阅读时，阅读者会读很多书，而不是一本书，并列举出这些书之间相关之处，提出一个所有的书中都谈到的主题。但只是书本字里行间的比较还不够。学习者需要借助他所阅读的书籍，架构出一个可能在哪一本书里都没提过的主题分析。因此，主题阅读是最主动、也最花力气的一种阅读。（艾德勒和范多伦，2004）

思维导图是支持分析阅读和主题阅读的有利工具。对分析阅读来说，思维导图能够帮助梳理知识间的逻辑关系，帮助读者建立起整体认知，降低阅读的负担；对主题阅读来说，思维导图把相同主题的系列书（或文章）整理归纳到一张大图中，帮助读者建立起对一个主题（或领域）的整体感知，以及各家各派的特点。对于科研工作者以及研究生来说，对一个研究问题进行文献综述就是典型的主题阅读，思维导图在文献整理上具有巨大的潜力。

图 57 是一名高一学生对一篇阅读材料进行分析阅读所做的思维导图，原文节选自瞿同祖《中国法律与中国社会》（中华书局 2003 年第一版），共有 7 页近 5000 字的材料被浓缩为一张思维导图，实现了汲取要点，从而将厚书读薄的目标。

主题阅读的思维导图通常不是单幅的，而是一组相互关联的思维导图，可能包括宏观图、中观图和微观图。用思维导图软件制作时，可以通过超级链接将其有机连接在一起。

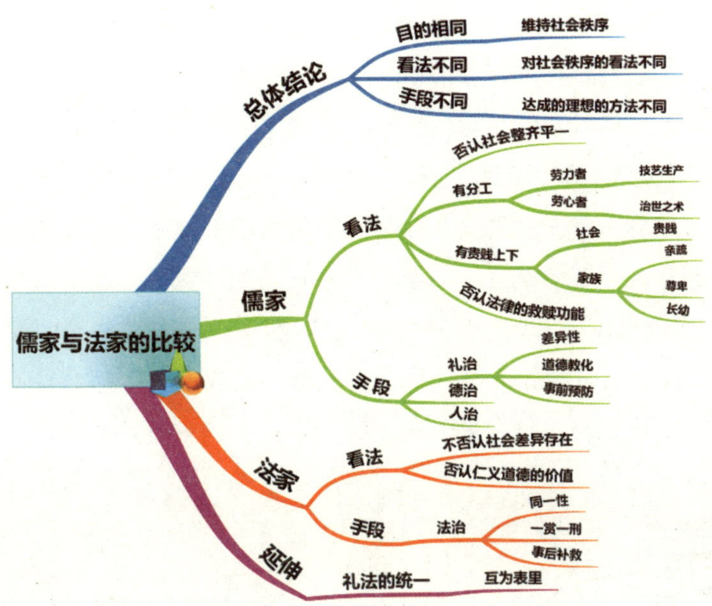

图 57　分析阅读示例

写——思维导图辅助写作

读和听都是信息输入，而说和写都是信息输出。思维导图对于促进说和写的作用在很大程度上是一致的，都可以用来激发和整理思路。

写作前用思维导图进行头脑风暴，整理和调整结构，使写作成为“看图说话”的过程。利用思维导图辅助写作，不仅能帮助我们积极唤起与写作主题相关的事件，还能使我们的文章层次、条理更为清晰。图 58 呈现了思维导图用于写作的基本步骤。

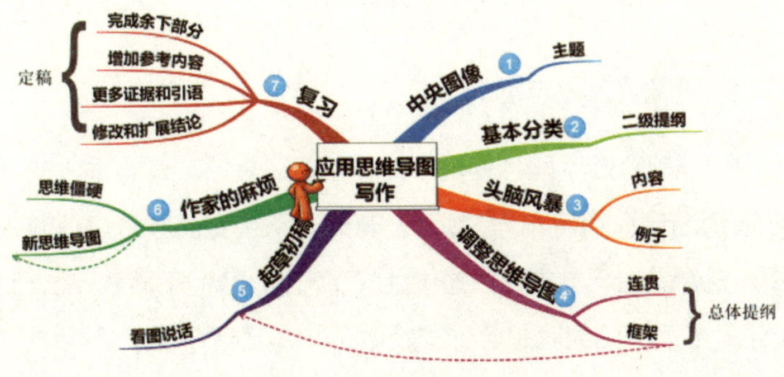

图 58　应用思维导图辅助写作

如图 58 所示，用思维导图确定了写作主题后，可以继续使用思维导图来帮助整理思维——列出写作提纲。将已有的资源和想法显性化、结构化，有了清晰的提纲，再来写这篇文章，就可以实现前面提及的“看图写作”，写作过程会变得容易得多，也就不会出现“跑题”和“偏题”了。

下面以《色彩》这一主题为例来探讨思维导图究竟在写作中如何进行思维激发。想象自己现在坐在考场上，并要以“色彩”为话题写作文。以色彩为中心，展开发散，形成图 59。我们可以根据自己的想象自由发散，直到找到你有思路为止。图 59 是一个可能的范例，每个人思考出来的这张图都会是不同的。你可以根据自己的思维状态进行发散，从而确定了写作的主题，解决了如何写得有新意的问题。

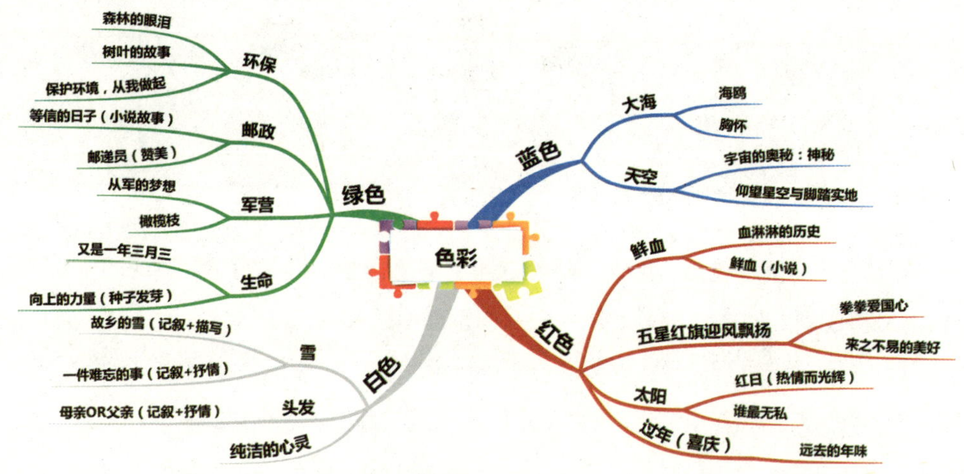

图 59　思维导图辅助写作示例

复习——思维导图总结复习

复习是巩固知识的有效手段，但复习什么和怎么复习却有着很大的学问。题海战术在备考中拥有广泛市场，但同样是题海，有的人从中受益颇多，有的人则几乎原地打转。究其原因，主要是由于学生在题海中迷失了方向，他们不清楚自己已经会了多少，还有多少没学会。最后的结果就是会做的题做了 100 遍都不止，不会做的题却一遍也没做过。

运用思维导图来帮助总结复习具有较大的优势：一是可以帮助学习建立起整体的知识图谱，让他们明确整体目标；二是可以用思维导图标记重难点，让学生可以更有针对性地去复习；三是可以用思维导图标记学习进度，让学生清楚地知道自己当前的位置。这样一来，思维导图就成了学习历程可视化工具，成为学习者总结复习的得力助手。

图 60 是高中学生在政治课复习《劳动价值论》单元时绘制的一张思维导图，用图建构起该模块的知识结构，并用红色标记重难点。在实际复习中，还可以用笔在图上标记复习的进度，也可以随时补充自己的新想法到合适的位置上。把自己的理解加到思维导图的过程，又是“把薄书读厚”的过程。

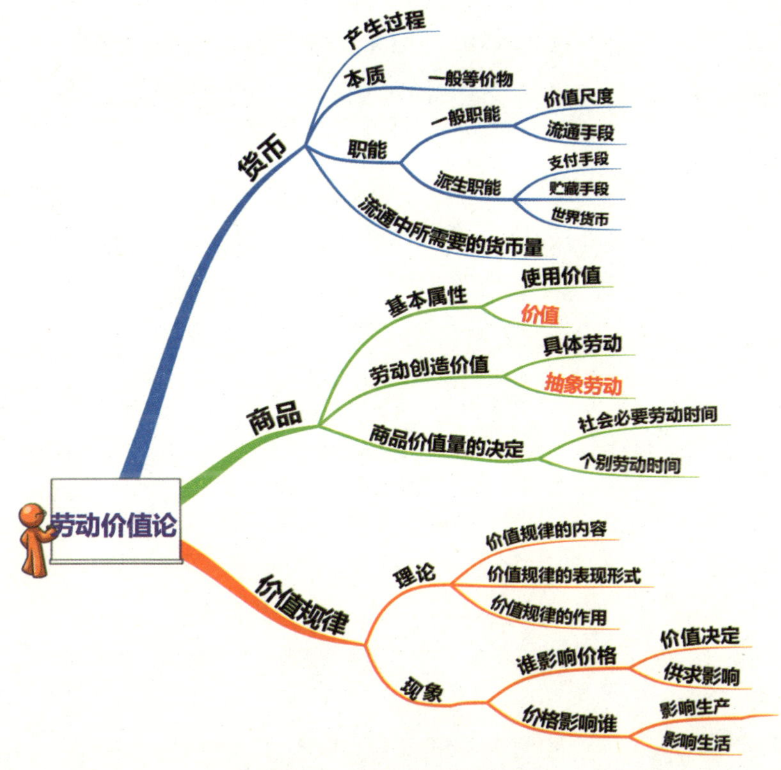

图 60　应用思维导图总结复习示例

应用思维导图进行总结复习，能够帮助学生快速建立知识整体架构，促进意义学习的深入，加深理解和记忆。学生也会因此而增强自信心，降低考试焦虑。

本章要点

1. 思维导图是支持从机械学习迈向意义学习的有效工具，可以在学习的笔记、演讲、阅读、写作和总结复习等诸多环节发挥作用。
2. 运用思维导图记笔记重点关注 3 点：老师讲课的线索、新知识自身的内在联系以及新旧知识之间的联系。
3. 运用思维导图组织演讲内容、指引演讲思路，能规避因讲稿带来的各种不便。
4. 阅读分为基础阅读、检视阅读、分析阅读和主题阅读 4 个层次，思维导图在分析阅读和主题阅读中能发挥较大作用。
5. 应用思维导图激发和整理思维，能够帮助打开写作思路，提高内在逻辑性。
6. 应用思维导图进行总结复习，可以充当学习历程的可视化工具，帮助学习者明确整体目标，让学生清楚地知道自己已经学会了多少以及还有多少没学会。

本章参考文献

[1] 艾德勒，范多伦，如何阅读一本书 [M]. 郝明义，朱衣，译 . 北京：商务印书馆，2004.

第十三章 坦诚相见——思维导图辅助教学

曾经听说过这样一个笑话：“有人穿越到 100 年后，发现 100 年后的世界和今天已经完全不同，机器人承担了各种各样的社会分工，他不知道自己还能干些什么。但当他来到学校，他却惊喜地发现，教室还是原来的教室，教材还是原来的教材，教法还是原来的教法。于是，他做起了老师。”虽然这只是个笑话，但其中颇具讽刺意味的对比却是发人深省的。有这样一种说法：当每一种新技术或新理念被研究出来后，教育领域对其的反应总是缓缓落后于其他领域。

思维导图也不例外，从 20 世纪 60 年代被提出来之后，在企业培训领域发挥着越来越重要的作用，但学校教育领域对思维导图依然是知之甚少，真正使用并切实获益的就更少了。事实上，思维导图在教育教学领域有着广泛的应用空间，本章将介绍思维导图的教学应用。

思维导图教学应用总览

有不少一线教师常常会问起这样一个问题：思维导图在教学的哪些环节使用会更有效果呢？在教学过程中，思维导图的使用时机有没有一定的原则呢？事实上，思维导图可以应用于教学的几乎所有环节。在课前，教师可以将思维导图用作知识整理工具和教学设计工具；在课中，思维导图可作为先行组织者呈现引领性框架，或作为知识呈现工具静态或动态展现知识细节，或作为知识建构工具帮助学生建构知识，还可以作为学习诊断工具实时获取学生的掌握情况；在课后，思维导图可以用作集体教研工具或教师个人的自我反思工具等（见图 61）。

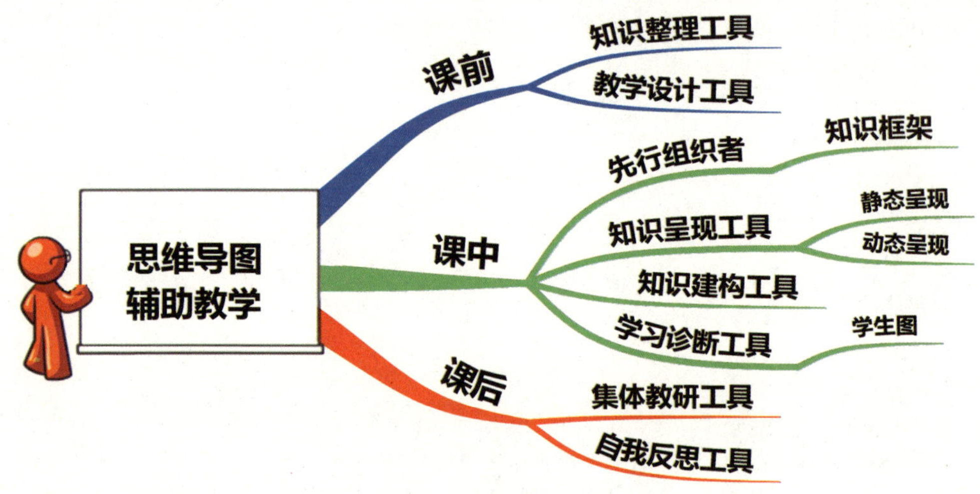

图 61　思维导图辅助教学

下面，我们就来介绍一些思维导图在教学中的典型应用。当然，教学中可以运用的场景远不止这些，这里介绍的方法与案例旨在抛砖引玉，引起老师们更多的创新应用。

思维导图课前应用

台上一分钟，台下十年功。教师的专业发展包含 3 个阶段：关注知识阶段、关注自我阶段和关注学生阶段。新手教师在授课时，通常只将注意力放到知识上，他们担心的是知识有没有讲对和讲全，无力关注自身是否紧张以及教态如何之类的细节，至于学生学得如何就更无暇顾及了。所以，对知识的透彻把握是新教师成长的关键一步。

我的备课经历

记得我初上讲台的那会儿，有一次备课，为图省力，从网上下载了另一位教师的 PPT 课件，然后开始修改。但几个小时过去了，我依然没能找到一条好的授课思路。从根本上说，这主要是由于我当时没能对要讲授的知识形成整体的认识。由于第二天要上课，在汗水中我放弃了直接修改别人的 PPT，而是选择先用思维导图梳理知识结构，从网上查阅资料充实丰富，这样很快就形成了整体框架。再做 PPT 的时候，我也就胸有成竹了！

直接修改别人的 PPT 和用思维导图整理后再重组 PPT 是不同的。由于知识结构都是非线性的，PPT 是非线性知识的一个线性化，在原 PPT 制作者脑中存在着这样的非线性结构，若我们没能还原知识的非线性结构，直接修改别人的线性 PPT 就存在着理解上的风险。

应用思维导图进行整理知识结构

对大多数教师来说，高质量备课是上课质量的重要保障，对于一些经验还不够丰富的新手教师尤其如此，他们需要花费大量的时间和精力来写教案备课。大部分教师在备课的时候都习惯于将上课要说的每一句话、每一个提问、学生每一个可能的答案都以文字的形式写下来，往往一节 40 分钟的课所对应的教案内容竟多达数千字。然而，课堂中有很多生成性的内容是不可预期的。不论是多么完整丰富的教案，其中一些环节也很难完全按照教师的预期展开。也就是说，教案中有很多内容是不确定的、冗余的，线性记录的备课稿的逻辑并不是一目了然的，知识结构并没有被显性化，一旦课堂有生成性的内容出现，就会脱离教师的预设，让教师难堪，学生困惑。

既然如此，教师应该如何备课，才能既保证教学设计的完整性，又保证教案的简洁明了、重点突出呢？我们可以设想，如果教师心中有一张清晰直观的知识网络和结构图，那么即使在课堂上出现非预期的生成性内容，教师也能够迅速在知识网络图中找准它的位置，从而保证自己始终站在知识网络中去组织知识，而不至于造成知识结构的混乱和课堂把控的失调。

思维导图是一个可以帮助教师梳理知识网络的简便易用的工具。应用思维导图备课，不仅能够促进教师本人对知识结构体系的理解，帮助教师理清思路，还能在很大程度上降低教师的焦虑。教师不再需要时刻想着下一句话该怎么说、下一个问题该问什么，而是根据备课时绘制的知识网络和结构图来把握整堂课的知识主线，关注每个大环节的目标达成情况，关注如何引导学生建构这几个知识点之间的关系，关注如何让课堂中的生成性内容促进学生对知识的理解。

用思维导图备课能够极大地解放教师，让备课过程成为一个思考的过程、一个对零散知识点进行整合加工的过程。这样，教师在课前就能清晰把握一节课的知识点及其体系结构，在课堂上才能放开手脚与学生进行互动交流，才能不被教案所困，才能不把课堂中每句话都按预设进行生搬硬套，这样的课堂才能促进学生的思维绽放，加强对知识的理解。图 62 是一个《C 语言程序设计》中，老师在讲解“整型数据”时对相关知识进行的整理。

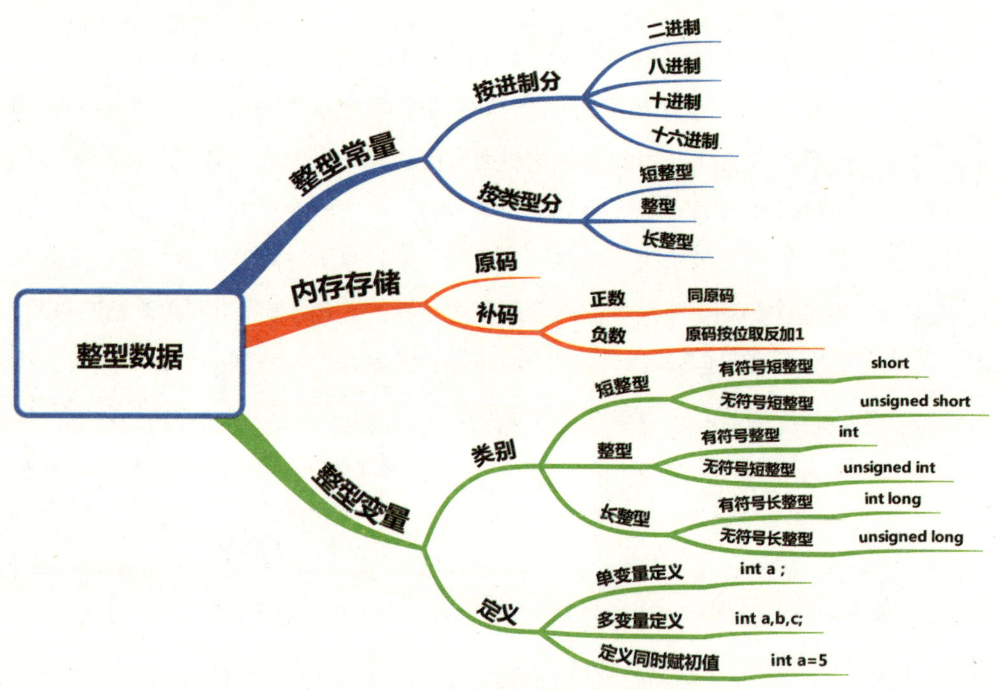

图 62　思维导图整理知识示例（整型数据）

应用思维导图设计教学

在对要讲授的知识进行有效梳理后，教师就可以思考如何设计安排教学流程了。图 63 是一位小学老师用思维导图来规划一节课的教学设计示例。这节课的目标是让学生用概念图整理一个单元的知识，该老师将课程分为 6 个环节，每个环节又包括一些子环节，同时分配了各个环节的关系。有了这张图，教师对于这节课的环节如何把握、时间如何分配、环节之间如何过渡衔接也就非常清楚了。如果教师需要对教学设计进行优化调整，基于思维导图进行也是最简便的。

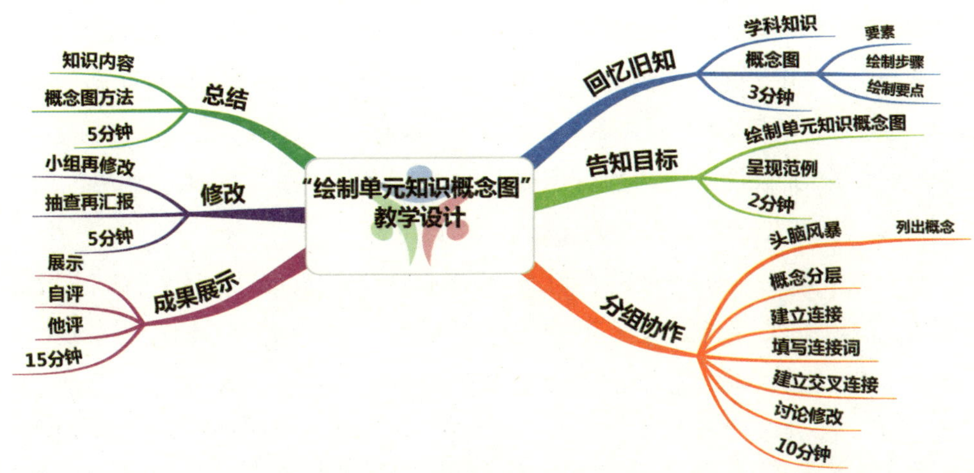

图63 思维导图用于教学设计示例

思维导图课中应用

在课堂教学中，思维导图可以作为先行组织者引起学生注意，可以作为知识呈现工具呈现教学内容，还可用于协作支持工具支持小组协作学习等。

思维导图作为先行组织者

先行组织者是与教学内容相关的、包容性较广的、最清晰和最稳定的引导性材料。先行组织者在3个方面有助于促进学习和保持信息：首先，如果设计得当，它们可以使学生注意到自己认知结构中已有的那些可起固定作用的概念，并把新知识建立在其之上；其次，它们通过将有关方面的知识包括进来，并明确统括各种知识的基本原理，从而为建构新知识提供一种“脚手架”；第三，这种稳定、清晰的组织，使学生不必采用机械学习的方式（施良方，1994）。对先行组织者的有效使用可以促进学习和防止干扰。

在一门课程或一节课的开始，教师都可以使用思维导图将整门课或整节课的整体框架呈现给学生，让其对课程有良好的预期，从而更有效地安排注意力。

思维导图作为知识呈现工具

应用思维导图呈现教学内容，学生能够随时对当前内容在整体内容中所处的位置保持清醒的认识，能够更轻松地理解知识与知识之间的关系与层次，从而能够帮助学生形成他们脑中完整的知识结构图，还能让学生随时了解自己的学习进度与学习目标。在这个过程中，教师也能保持清晰的授课思路，能更好地驾驭课堂上生成性的内容，把控知识的重难点和课堂环节过渡。思维导图为老师和学生提供了一种结构化的工具，将知识搬上知识树，让知识在孩子的大脑中牢牢生根。

例如这个案例，这是一位高中英语教师在设计一节讲授与“in fact”这个短语相关或类似的短语时，绘制的用于呈现教学内容的思维导图（见图 64）。假设我们是学习者，通过这张图就能清晰地看到我们需要掌握的学习内容：我们要从 in fact 这个短语出发，学习其他 7 个与 in 搭配的短语以及那 7 个短语中涉及的一些词汇和延伸短语。更重要的是，通过这张图，学习者可以了解到这堂课中学习的这些词汇和短语之间的关联是什么，关系是什么。如果课堂时间充分，教师还可以基于这张图对里面类似的短语做对比，这样又可以帮助学生建立更多的结构关联。教师引导学生建立的知识间关联结构越丰富，学生脑中的知识网络图就越稳定，学生也越容易理解、记忆迁移和运用知识。

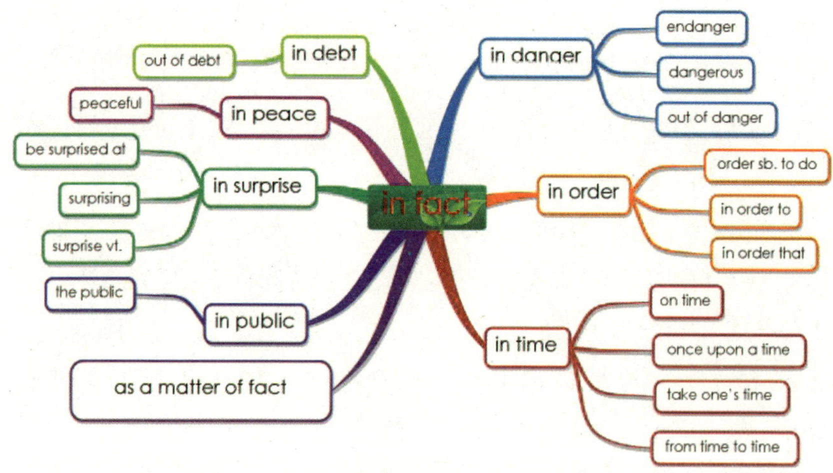

图 64　思维导图用于知识呈现工具示例

思维导图作为小组协作工具

协作学习在提升学生参与度的同时，不仅加深了学生对知识的理解，还培养了学生的协作意识和沟通能力，正逐渐成为一种广受欢迎的学习模式。在协作过程中，需要一套有效机制来记录和整理小组成员的观点，并作为小组讨论交流的中介。思维导图作为一种可视化工具，正好充当这一角色。

例如，在一堂小学科学课中，老师要求学生通过小组协作讨论绿豆种子发芽的条件并说明理由。小组成员通过思维导图的方式记录了他们讨论的过程和结果，他们依次考虑了土壤、空气、阳光、水和温度等众多因素，并且对每个因素之间的关系进行了说明。这样一来，小组协作的质量就可以充分保证了。

可以看出，在小组协作和讨论中应用思维导图，能将小组成员的注意力集中到一个主题上，大大减少协作交流中的理解障碍，减少组内分歧。小组成员一起用思维导图开展头脑风暴，能大大丰富讨论的内容。思维导图让小组讨论“想得出、留得住且不偏主题”。此外，思维导图记录的结果还可以用来进行小组间的分享交流。

其他应用

除了前面所说的几点，思维导图在课堂中的应用还非常丰富，包括但不限于以下几点。

（1）作为教学进程引导工具。即在教学过程中逐步形成一幅思维导图，引导学生的注意力，引导学生进行思维的发散与整理。

（2）作为展示交流工具。即在学生进行汇报展示的环节，学生用思维导图梳理个人或小组讨论的结果进行汇报。

（3）作为新旧知识联系的工具。即在学习新知识之前回顾旧知识的环节，通过思维导图把新旧知识之间的层次关系清晰呈现给学生，帮助学生快速定位新知识在知识体系中的位置，将新知识加入已有的知识网络中去。

（4）作为对知识的深层次加工工具。即在教学中，把新知识与旧知识进行对比，把多个知识点进行关联，对一个知识点相关的知识点进行回顾或拓展，把类似的知识点进行辨别与对比等，通过思维导图把这些生成性的过程呈现出来，挖掘知识背后更深层次的东西。

（5）作为反思的工具。即在学生或者小组进行反思的环节，利用思维导图梳理优点、缺点和可改进的点等。

（6）作为评价工具。即在老师对学生进行评价、学生与学生相互评价、学生自我评价等环节中，利用思维导图构建评价体系框架，协助评价环节更好地开展。

（7）作为复习总结工具。利用思维导图对已有的知识进行梳理，帮助学生更清晰直观地认识已有知识间的关系，从而更好地理解与融会贯通。

本章要点

1. 在课前，教师可以使用思维导图来整理知识结构，并设计教学流程。应用思维导图备课会让备课过程成为一个对零散知识点进行整合加工的过程，不仅能促进教师对知识结构体系的深入理解，还能让教师轻松应对课堂上预期之外的生成性内容，保证自己始终站在知识网络中去组织知识。
2. 在课中，学生可以使用思维导图充当先行组织者，静态或动态呈现知识。
3. 在课中，学校可以使用思维导图开展小组协作，记录和整理讨论的内容，并在小组间展示交流。在小组协作和讨论中应用思维导图，能将小组成员的注意力集中到一个主题上，大大减少协作交流中的理解障碍，减少组内分歧，丰富讨论内容，显性化讨论结果。思维导图让小组讨论“想得出、留得住且不偏主题”。
4. 思维导图还可以用作教学进程引导工具、新旧知识联系工具、知识精加工工具、展示交流工具、反思工具、评价工具、复习总结工具等。

本章参考文献

[1] 施良方 . 学习论 [M]. 北京：人民教育出版社，1994.

第十四章 事半功倍——思维导图辅助管理

前面我们介绍了思维导图在自我分析、时间管理、学习和教学方面的应用，这些应用以提升个体能力为目标。

本章将介绍思维导图在团队管理、工作计划、会议组织、文案撰写以及项目管理等方面的应用，帮您提升管理能力。

应用思维导图辅助团队管理

无论是在什么性质的团队，人都始终处于最中心的位置。对于团队领导来说，最重要的也最具挑战的就是管理人。选人、用人、育人、留人各个环节无不考验着团队领导的智慧。

思维导图在各个环节都能很好地发挥作用。在选人环节，我们可以用思维导图设计详细的面试要点，并记录求职人员的各方面特征；在用人和管人环节，我们可以用思维导图将每一位团队成员的特长和不足画出来，这样就可以很好地掌握团队结构性特征以及个人特征，从而有针对性地调整和优化团队，在任务分配时也更具有针对性；在育人环节，可以针对不同的兴趣和潜力进行有针对性的培养；在留人环节，能够根据他们内心最需要的东西，在条件允许的情况下，尽可能地去满足他们（见图 65）。

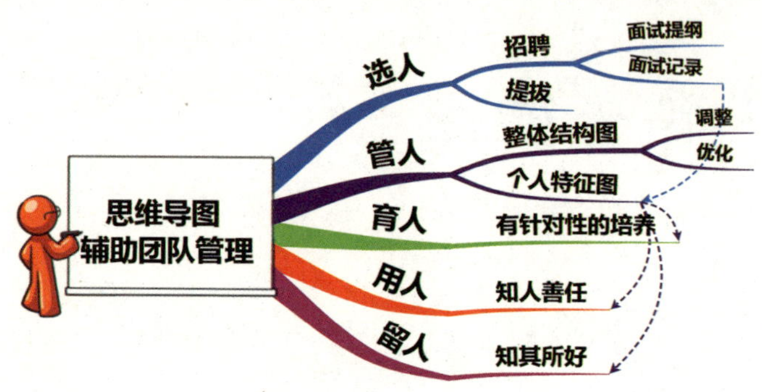

图 65 思维导图辅助团队管理

应用思维导图做团队工作计划

凡事预则立，不预则废。在《谋定后动》一章中，我们曾经介绍过如何用思维导图做个人时间管理，谈到计划就是一种重要的个人时间管理方法。

由于工作计划需要落实到个人身上，所以工作计划需要分解为针对每个人的个人计划。可见团队工作计划和个人计划有着密切的相关性。

工作计划与个人计划又有着很大的不同。一是目标不同，个人计划的目标是让个人更好地支配时间，在获得最大产出的同时拥有更多的自由度；而工作计划的目标则是为了更好更快地完成工作。二是约束条件不同，个人时间管理是围绕个人目标选择任务，受约束的主要是个人的时间；而工作计划则是围绕工作目标调集多方资源，包括人力、财力和物力等，受约束的是各方资源。可见工作计划比个人计划的复杂度更高，更需要思维导图的支持。

用思维导图做团队工作计划的同时，不仅要清晰地给出目标、任务和时间，还需要明确的任务分工和完成标准。图 66 给出的是一个创业团队的团队工作计划示例。

应用思维导图整理工作流程

有些工作牵涉很多部门，实施过程复杂。为了让参与者了解全局，运用思维导图梳理工作流程就变得非常有意义。图 67 是某高校“长江学者”计划的实施方案的流程。

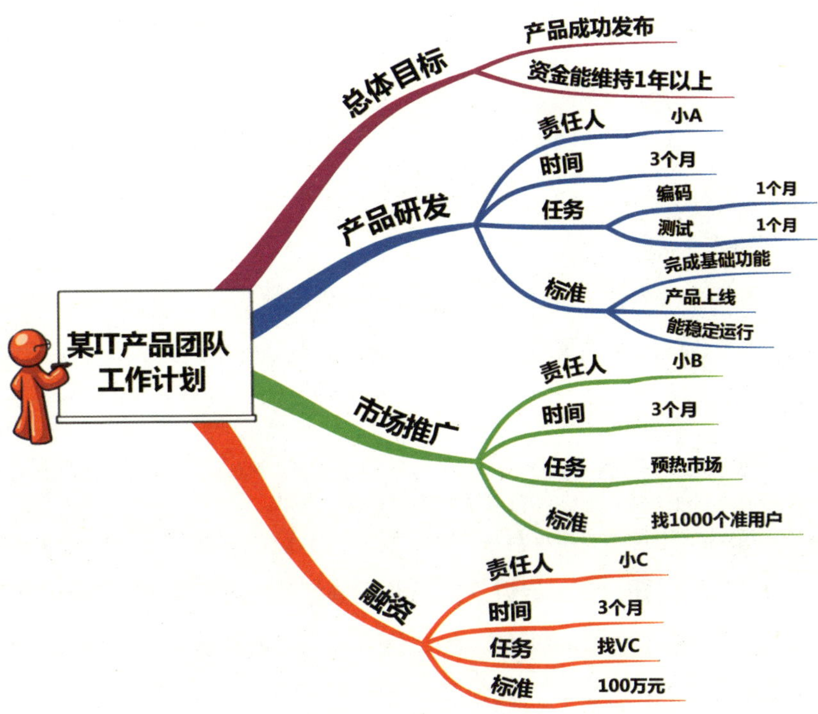

图 66 思维导图做团队工作计划示例

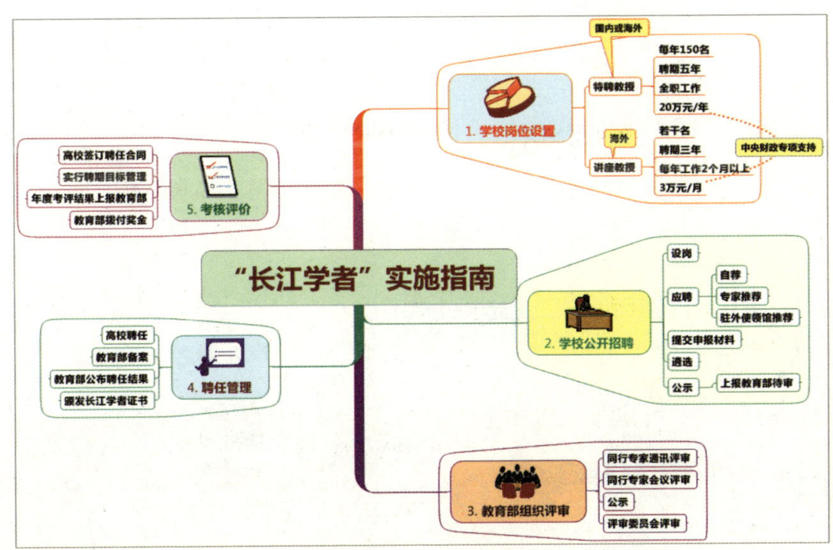

图 67 应用思维导图整理工作流程示例

应用思维导图提高会议效率

中国人的会多是出了名的，有很多领导自嘲是“会虫”，一天十几个会再正常不过。我最害怕的就是开会，因为有太多的会议是非常低效而又没有意义的。比较常见的会议类型有：领导一言堂型、唠家常偏离主题型、激烈争论达不成共识型、达成共识无法执行型等。

我们不能完全摆脱会议，却可以让会议开得更高效、更有价值一些。思维导图可以应用于从筹备会议到正式开会，从讨论、决策到实施的全过程。其作用具体包括但不限于以下方面。

应用思维导图策划会议

组织者可利用思维导图进行会议的策划，将会议的主题、参会人员及分工、会议时间地点、会议流程、会议要讨论的具体问题都详细地列出来，这样不仅能帮助组织者清晰地掌控整个会议的进程，防止跑题，还能将其作为会议通知的一部分提前发给参会人，从而让参会人有比较明确的预期。借助思维导图，会议就朝着有条不紊的方向迈进了。图 68 是 MindManager 软件为会议策划准备的模板，可以供大家参考使用。

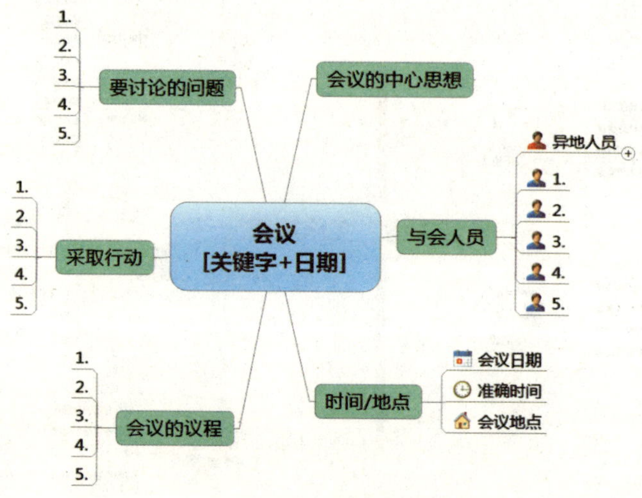

图 68 思维导图会议模板

应用思维导图支持讨论

开会时，用思维导图把大家要讨论的内容呈现在大屏幕上，并动态记录每一个参会者的发言要点，能在很大程度上聚焦会议主题，防止讨论偏离主题，规避重复发言。

应用思维导图做会议记录

做会议记录时遇到的最尴尬的问题就是：当一个人多次发言时，难以顾及其前后观点的关联性。使用思维导图做会议记录，可以按人或按主题来组织笔记内容。将思维导图版本的会议记录投影到屏幕上，能督促发言者对其自身言论的确认和反思。

应用思维导图辅助文案撰写

在《纲举目张》一章中，我们讲过用思维导图辅助写作，对于管理者来说，书写各种文案与学习者的写作是一样的，这里不再赘述。

应用思维导图进行项目管理

在项目管理中，应用思维导图可以提高管理的效率，其价值可以在各个环节中得以体现：①制订整体项目方案，在项目开始前制订项目的人员安排、时间规划、资金流动、实施步骤、经费预算、预期成果等方面的详细方案；②制订子项目行动计划，为每一个子项目活动制订相应的行动计划，并且在活动结束后完成子项目总结报告；③促进项目组成员间的交流和沟通，项目实施过程中，使用思维导图组织会议，头脑风暴等；④监控项目进展，对照项目计划核实项目进度，适时调整；⑤辅助项目文档写作；⑥辅助项目总结。

利用思维导图开展项目管理的好处在于：项目进行的全过程都是清晰地、有条理地被可视化出来的，这对项目组成员间的协作交流、项目进程的掌控都是有巨大促进作用的。

本章要点

1. 管理的对象包括人和事，应用思维导图可以帮助团队领导更清晰地认识每一个团队成员，从而更有针对性的选人、管人、育人、用人和留人。

2. 应用思维导图制订团队工作计划，需要明确指出团队目标、任务分工、任务完成时间点和完成标准。
3. 思维导图可以在策划会议、会中讨论以及会议记录等多个环节改进会议形式，提升会议质量。
4. 在项目管理的各环节应用思维导图，可以更好地实现任务分工和过程监控，从而提高项目成功完成的可能性。

第十五章
团队超越——思维导图助力学习型组织

随着人类进入信息化时代，知识生产的速度大幅度加快，如果说在 20 世纪终身学习是一种选择，那么在 21 世纪我们已经没得选择，因为它就已经成为一种生存的必需。《国家中长期教育改革和发展规划纲要（2010 ~ 2020 年）》明确提出：到 2020 年，基本实现教育现代化，基本形成全民学习、终身学习的学习型社会，进入人力资源强国行列。要实现这一目标，不仅个人要学习，组织也需要学习。

21 世纪的企业不再仅仅是企业，其自身也是一所学校，应该能够熟练地创造、获取和传递知识，同时也要善于修正自身的行为，以适应新的知识和见解。思维导图虽为解决学校教育问题而生，但让其首先发挥威力的却是在企业管理领域，世界上许多知名企业都将其引入到员工培训及企业管理中，并获得了源源不断的收益。本章将讲解思维导图在学习型组织建设中的应用。

从个体学习到学习型组织

我们经常听到人们用“三个臭皮匠顶个诸葛亮”“兄弟齐心，其利断金”以及英语中的“Two heads are better than one（两人智慧胜一人）”来称赞集体的智慧与力量，但同时也经常听到人们用“一个和尚挑水吃，两个和尚抬水吃，三个和尚没水吃”形容团队组织不力的尴尬。人们还经常用“一个人是条龙，一群人是条虫”来批评中国人的团队精神不强。

对于一个组织来说，如果不能很好地分工协作，不仅不能发挥组织的功效，还可能因为相互掣肘而成为乌合之众。图 69 描述了未能整体搭配的团队及虽然在不断激发个人能力但整体不良的团队。

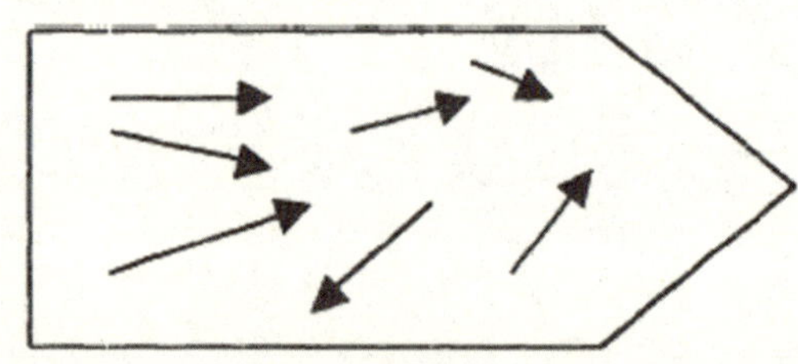

未能整体搭配的团体

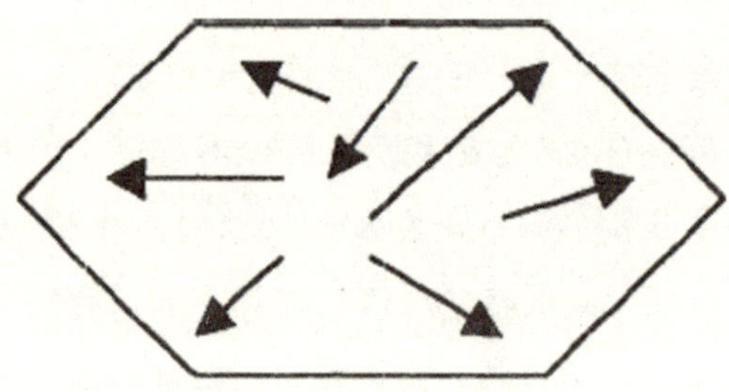

不断激发个人能量而整体不良的团体

图 69　整体搭配的奥秘（彼得·圣吉，1990）

学习型组织中的学习不仅包含个体学习，也包含组织学习。个体学习是组织学习的支撑，组织学习是对个体学习的方向性控制以及相互促进，学习型组织是组织学习充分开展后达成的一种目标形态。

学习型组织的关键

彼得·圣吉在《第五项修炼》中提出了建立学习型组织的关键是汇聚五项修炼或技能：建立共同愿望、团体学习、改变心智模式、自我超越和系统思考。这五项技能不是相互独立的，而是有着紧密的内在联系。譬如自我超越是团队学习的精神基础，系统思考是团队学习的核心，自我超越要通过改变心智模式来实现，建立共同愿景则是实现其他四项修炼的共同基础。由于这里面的关系错综复杂，用思维导图难以表示清楚，我尝试使用概念图来表示（见图 70）。关于概念图的知识可以参照《孪生兄弟》一章。

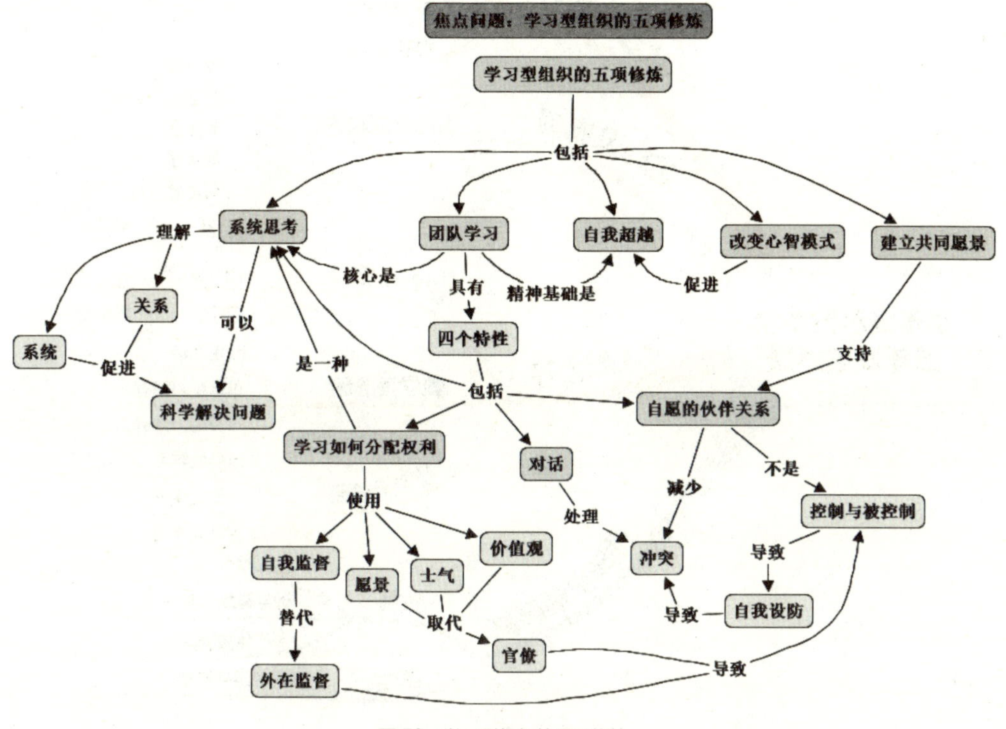

图 70　学习型组织的五项修炼

下面我们将介绍思维导图如何在五项修炼中发挥作用。

应用思维导图描绘共同愿景

共同愿景是一个组织共同努力的方向，将愿景通过思维导图可视化，可以更好地凝聚组织成员的向心力，共同为愿景努力。共同愿景的关键在于“共同”二字，需要和每一个组织成员息息相关，愿景的达成依赖每一个成员，每一个成员的成就也依赖于共同愿景的达成。

图 71 是一个用思维导图制作的共同愿景示例，有了这样一张图，组织成员就会更清晰地知道努力的方向，这要比几十页的文档要简便很多。

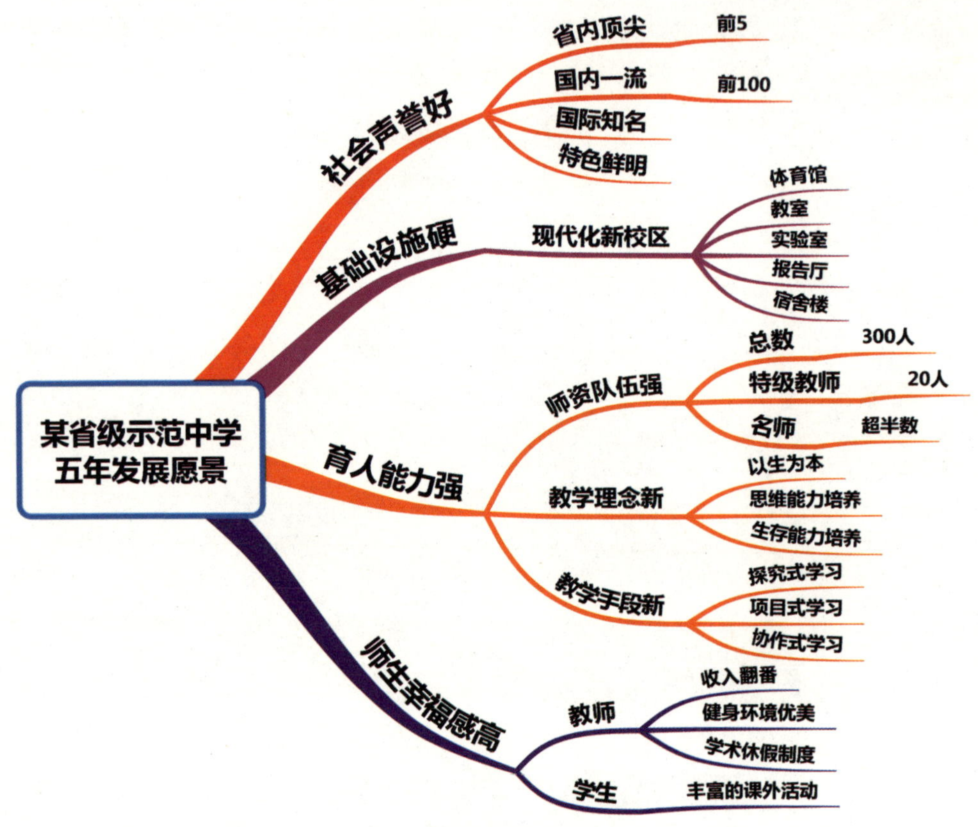

图 71　思维导图描绘共同愿景示例

应用思维导图促进团队学习

愿景是希望在未来某个时间点达成的目标，说明组织当前的能力离达成目标所需的能力还存在着一定的差距，缩小这一差距的方法就是学习，而团队学习则是达成这一目标最有效的手段。

团队学习可以分为两种形式：一是外聘培训师来做培训；二是分工学习，然后互相培训。第一种方式速度最快，第二种方式却能更好地激发团队成员的学习能力。实际实施时，两者可以结合使用。

无论是哪种形式的培训，思维导图都在团队学习中发挥重要的作用（见图

72）。具体的应用场景有以下几种。①制订培训计划——在企业培训过程中，培训参与者（包括培训管理者、培训讲师与学员）都可以用思维导图来做计划。②培训设计——培训讲师在上课前，可以用思维导图来设计培训的流程。一般来说，2 个学时的课程，画一幅思维导图就可以了。思维导图所使用的关键词，可以保证讲师在授课过程中不漏掉关键性的内容要点，其分支结构又可以使讲师清晰地记住各要点之间的逻辑关系。同样，准备上课发言的学员，也可以使用思维导图进行准备。③做学习笔记——学员在听课时可以用思维导图记笔记，在整体把握讲师的思路的同时还可随时加入自己的理解。④激发创造力——应用思维导图开展头脑风暴并整理讨论结果。⑤小组成果展示——应用思维导图展示小组讨论成果。⑥总结和反思——应用思维导图帮助学员总结和复习所学内容。这一部分还可参照《坦诚相见》和《纲举目张》两章中关于思维导图支持教学和学习的相关内容。

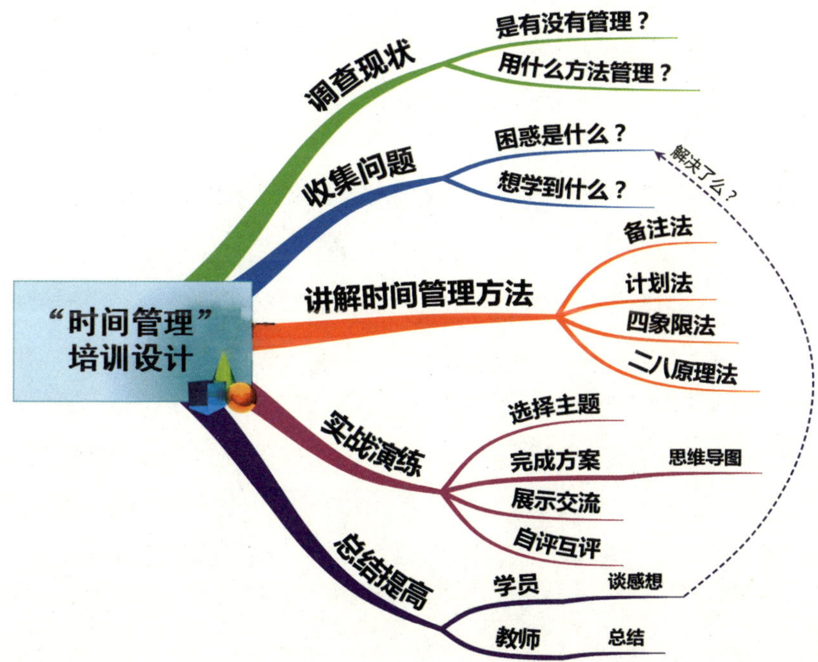

图 72　用思维导图做培训设计示例

形成组织记忆是团队学习的重要目标之一。组织记忆指那些存储于组织内部、可以用于当前决策的信息。由于组织成员的变动性，组织记忆的形成常常遇到各种困难。因此，还可以借助思维导图将组织内最为重要的知识整理并保存起来，让新加入组织的成员可以迅速地了解团队情况。

应用思维导图改变心智模式

改变心智模式包括认清当前的心智模式和选择更为高效的心智模式两大部分。第一部分实质是对自我的分析，可以参照《认识自我》部分的相关内容；第二部分则是设定并学习新的心智模式，这属于思维训练第二阶段的内容，可参考《未竟之路》一章中关于思维训练三阶段的论述。

应用思维导图促进自我超越

找到改变心智模式并不断去实践，就能不断实现自我超越。消除情绪张力并激发创造性张力是促进自我超越的重要手段。在自我超越过程中，利用思维导图进行分析，不仅可以可视化自我超越的目标（创造性张力），帮助消除压力（情绪张力），还可以用来规划自我超越的路径。

图 73 是一个应用思维导图促进自我超越的案例。在我第二轮为研究生开设整学期的思维训练课程时，由于担心自己因为偷懒而只是将第一轮的课程简单重复一遍，我邀请了多名同事去旁听我的课程，这就要求我必须认真准备每一节课。一学期下来，课程有了新的提高。新的一轮，我又将我的“思维训练与学习力提升”课程作为全国教师教育网络联盟 8 所师大的共享课并在网上同步直播，并录像供中小学老师观看。第一次的邀请同事和第二次的直播共享都是我给自己的创造性张力，而为了应对压力带来的困扰，我运用了《认识自我》一章中讲到的克服忧虑的魔术方程式。事实证明，在这两次创造性张力的驱动下，这门课程连续两次实现了自我超越。

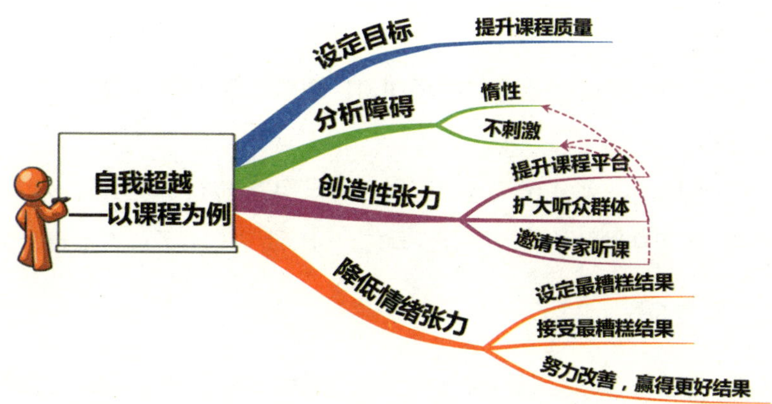

图 73　思维导图促进自我超越示例

应用思维导图促进系统思考

系统是由两个或两个以上的元素相结合而形成的有机整体，系统的整体不等于其局部的简单相加，系统的要素和要素之间存在着紧密的相互联系。根据蝙蝠效应，如果仅仅从局部思考问题，则将可能导致严重的风险。在科技发展速度迅猛的今天，企业或组织发展中因为小事导致雪崩的例子数不胜数。

作为团队学习的核心内容之一，系统思考能极大地简化人们对事物的认知，给我们带来整体观。系统思考的具体方法包括：整体法，在分析和处理问题的过程中，始终从整体来考虑，把整体放在第一位，而不是让任何部分的东西凌驾于整体之上；结构法，注意系统内部结构的合理性；要素法，对各要素考察周全和充分，充分发挥各要素的作用；功能法，为了使一个系统呈现出最佳态势，从大局出发来调整或是改变系统内部各部分的功能与作用。在此过程中，可能使所有部分都向更好的方面改变，从而使系统状态更佳，也可能为了求得系统的全局利益，以降低系统某部分的功能为代价。

思维导图关注整体、结构、要素，规避了常规思考“只见树木不见森林”的弊端，其自身就是一种系统思考支持工具。在具体实施时，思维导图软件（如 iMindmap，MindManager 等）还提供了大量的模板，这能够进一步帮助我们更周到、更全面地思考问题。

本章要点

1. 学习型组织包含 5 个要素：共同愿景、团队学习、改变心智模式、自我超越和系统思考。
2. 思维导图作为一种思维可视化工具，可以用来描述共同愿景，可以促进团队学习，可以帮助分析并改变心智模式，可以促进自我超越并支持系统思考。

本章参考文献

[1] 彼得·圣吉．第五项修炼——学习型组织的艺术与实践 [M]. 郭进隆，译．上海三联出版社，1990.

第四篇

观　点

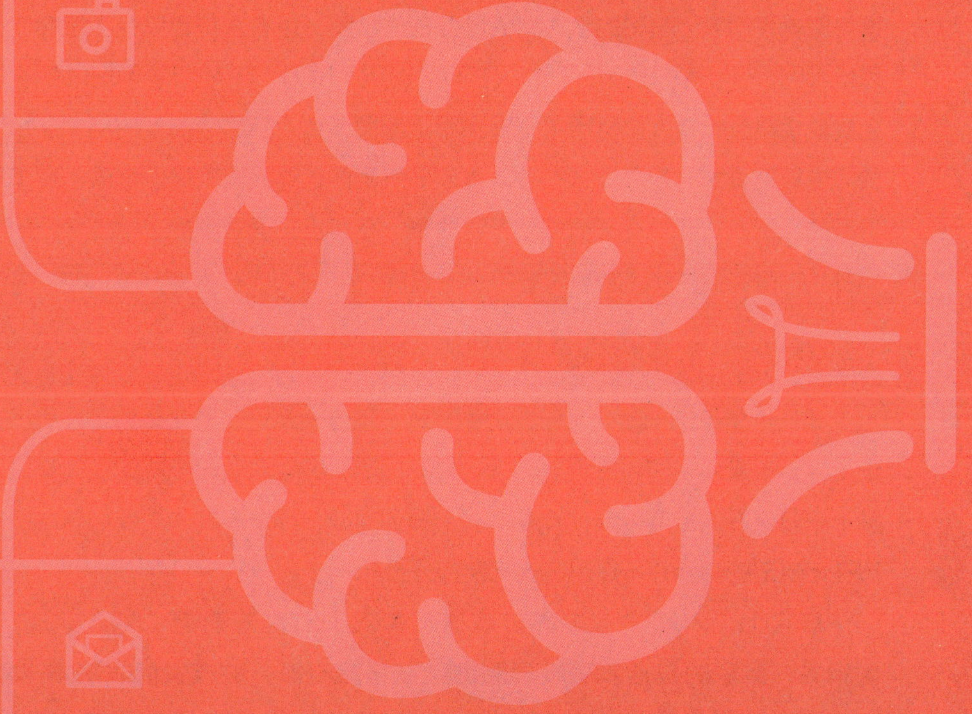

第十六章 以道御术——思维导图的手段选择

前面三篇分别介绍了思维导图的原理、操作及其应用，但随着思维导图应用的不断深入，各种困惑和争议也随之而来。有人说用思维导图记笔记非常不方便，难道思维导图就是用来记笔记的么？有人酷爱软件绘图，也有人声称只有手绘的才是真正的思维导图，事实真的如此么？有人坚持只能用关键词，有人喜欢用长长的句子或短语，到底孰优孰劣？有人坚持给每个节点画上配图，有人只是简单地使用文字，没有配图的思维导图真的一无是处么？有人喜欢一气呵成，有人喜欢慢慢修改，哪个才是思维导图的正确方式呢？类似的问题不胜枚举，事实上，这些都属于思维导图的手段选择问题，本章将尝试就这些争议进行一一分析。

争议一：思维导图并不适合笔记？

第一个争论的问题是思维导图到底适不适合做笔记。博赞认为思维导图是一种笔记工具，于是众多国内思维导图学习者开始用思维导图取代传统的线性笔记，用在课堂上记录老师的授课内容。我在学校上课的时候，经常有同学向我抱怨，觉得思维导图在记笔记的时候并不好用。这又是为什么呢？

事实上，对初学者来说出现这种情况一点也不奇怪。导致这类问题的原因很多，典型的包括：思维导图的绘制技巧不够、讲课者的思路本来就混乱、听课者难以跟上讲课者的思路等。当学习者对思维导图和学科内容都不熟悉时，边听课边用思维导图记录是很困难的，这就好比一个驾驶员还没能熟练掌握开车技巧就把车开到路况复杂的马路一样。大脑虽然功能强大，但最好在同一时间只处理一件事情。与讲课不同，听课是一种被动的思考活动，当绘制思维导图是负荷、听课本身也是负荷时，难以招架，从而产生沮丧是必然的。

因此，要想降低这种沮丧，在起步阶段不妨先尝试一些内容比较简单的任务，将注意力放到思维导图本身的绘制上，而把自己熟悉的内容画出来就比听课记笔记要容易得多。待思维导图用得熟练了，再用思维导图去记笔记就会容易很多。

这样就似乎又有了一个矛盾：思维导图不是笔记工具么？那么自己的想法算是笔记么？事实上，这里存在着一个大的误会，那就是思维导图使用者把“笔记”片面地理解成“记笔记”了。这个误会主要是由于翻译造成的，中文中的“笔记”在英文原文中其实对应着两个词：Note Taking 和 Note Making。前者可称为“记笔记”，后者可称为“做笔记”。乍一看，这两者之间好像没什么区别，但继续深究就会发现，“记笔记”的对象是别人的思维，是将别人的思维结果记录下来并整理；而“做笔记”的对象是自己的思维，是将自己的思维画出来（见图 74）。

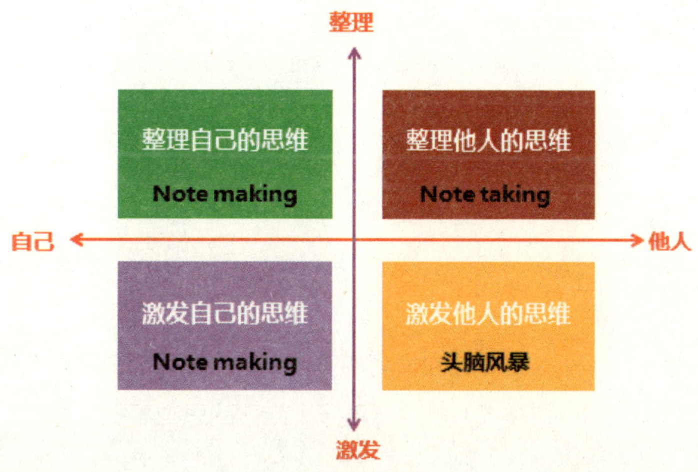

图 74　4 种类型的笔记

正如图 74 所示，在这个四象限的图中，可以把记录他人的思维叫作 Note Taking，把整理和激发自己的思维叫作 Note Taking，把激发他人的思维叫作头脑风暴。所以，笔记是包含了这 4 种含义的，而绝不仅仅是“听课时记笔记”！

争议二：手绘还是软件?

第二个争论的问题是思维导图应该手绘还是软件绘。有人认为只有手绘的思维导图才能真正体现出思维导图的优势，电脑软件作图无法达到思维导图的真正目的。这种提法是否有理论依据呢?

仔细分析一下，推崇“手绘”排斥“软件”的理由大致有 4 种：一是手绘可以随时随地，一张纸一支笔即可绘图；二是画起来可以天马行空，想到哪儿就画到哪儿，思维很少受到束缚；三是可以手绘一些图来表达自己的思想，充分展示绘画的天赋，而在软件中难以找到合适的图；四是手绘的线条比较优美，而软件中的线条显得生硬。

然而，手绘思维导图的局限性也是显而易见的。第一，思维是动态变化的过程，用思维导图激发和整理思维会时不时地要求对原有结构进行调整，不利于修改就成了手绘思维导图的最大问题。为了解决这个问题，一幅图往往需要画上很多遍才能最终成稿。第二，手绘的思维导图既不利于保存，也不利于传播和分享。第三，对于一些绘画功底较差的人来说，手绘思维导图会带来较强的受挫感，容易进一步导致放弃。

用软件绘制思维导图虽有这样那样的不便，但随着软件功能的不断增强，软件本身也变得越来越易用，学习起来也越来越容易。加上用软件绘制的思维导图在需要修改、保存和分享时都非常方便，思维导图软件已成为当今思维导图使用者的主要选择。

在实践过程中，我们也可以结合两者的特点，根据实际情况具体选择手绘还是软件绘制。譬如在手绘时可以多改几稿，准备一本专门的思维导图绘图本，画完之后及时拍照保存等。在用软件制作思维导图时可以多找一些可用的图标，必要时还可以通过手绘补充图标等。

图 75 是手绘思维导图与软件绘制思维导图的比较。

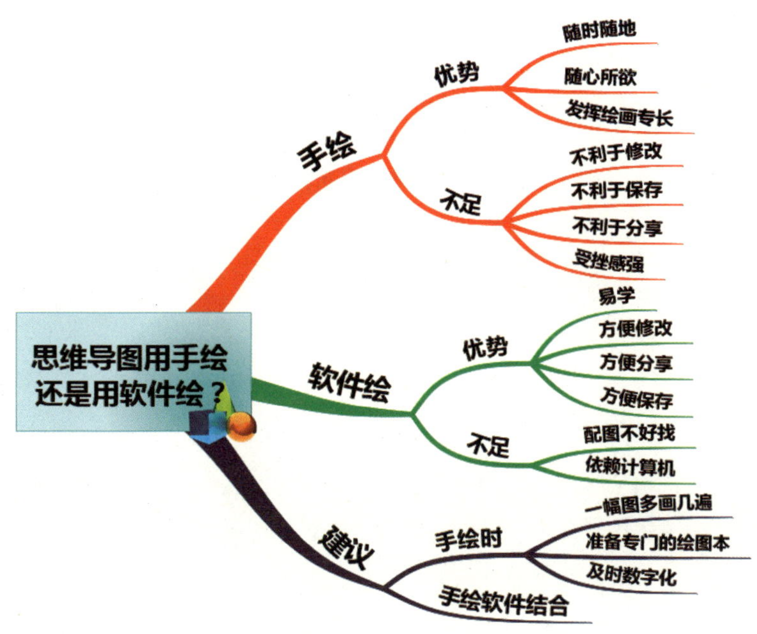

图 75　手绘思维导图与软件制作思维导图的比较

那么，软件绘制思维导图是否真的如某些人所说的那样不能体现思维导图的本质呢？我们对照思维导图的定义（思维导图是一种以促进思维激发和思维整理为目的，可视化、非线性的思维工具）可以发现，无论是在“思维激发”和“思维整理”这两个目标的实现上，还是在“可视化”和“非线性”这两个本质特征的体现上，思维导图软件都能很好的支撑，甚至比手绘有着更加独特的优势。

因此，手绘或软件绘制不是影响思维导图有效性的关键因素，它们各具优势。事实上，软件绘制不仅能完美地表达思维导图的目标（而不是像部分人认为的不能达成思维导图的目标），而且在整体上还略胜手绘一筹。随着思维导图软件功能的不断增强，其优势也会越来越明显。

争议三：用关键词还是用短语和句子？

第三个争论的问题是思维导图用关键词好还是用短语和句子好。博赞在《思维导图》一书中反复强调，在制作思维导图时应该使用关键词而不用短语，更不要使用句子。但严格按照这个规则绘制出来的思维导图恐怕只有绘制者本人才能明白，缺乏相关背景知识的人读起来就很可能是一头雾水。众多思维导图使用者都为这一问题苦恼。

我们将思维导图视为一种可视化认知工具，而知识可视化（Knowledge Visualization，KV）的定义是“应用视觉表征促进知识的创造与传递”。（赵国庆等，2005）根据知识可视化的两大核心目的“知识创造”和“知识传递”，可以进一步将思维导图分为“知识创造型思维导图”和“知识传递型思维导图”，前者主要用于个人激发和整理思维，后者主要用于传播以及与别人分享想法。（赵国庆，2012）这样一来，在个人创作和整理思维的时候，使用关键词可以更迅速高效地达成目标；但在需要和别人分享时，就可以适当使用短语，必要时使用句子也无妨，因为只有这样，才能保证思想的准确传递。下面是一幅本段落的思维导图，图中大部分节点都用了关键词，但为了保证原意的准确传递，部分节点（如知识可视化的定义）就使用了完整的句子（见图 76）。

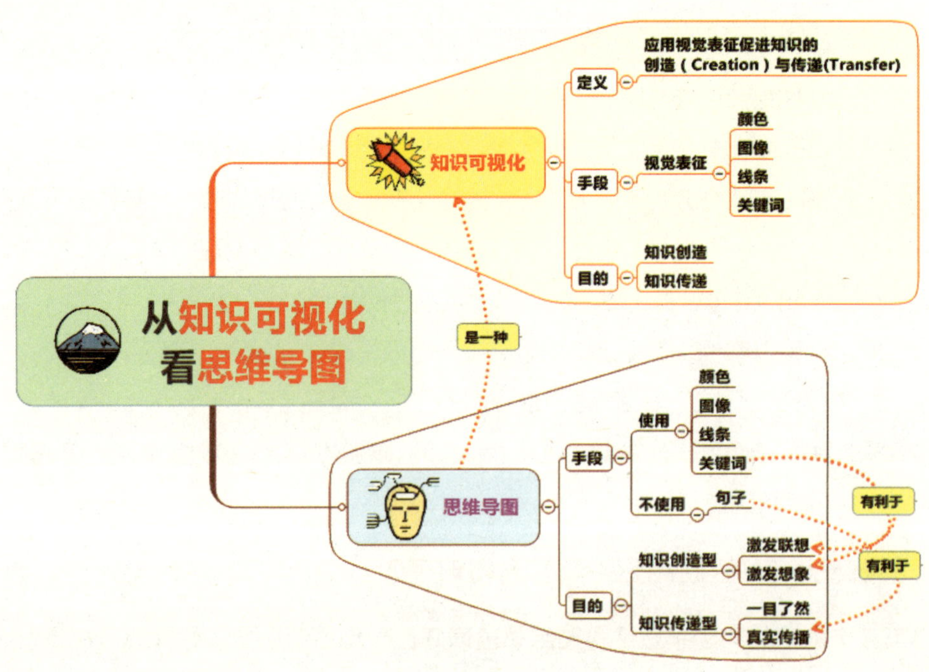

图 76　从知识可视化的视角看思维导图

争议四：用图还是用文字？

第四个争议的问题是用图还是用文字。在博赞给出的思维导图绘制规则中，有多处与图形和图像有关，如“使用中心图像”“用一幅图表达您的中心思想”“尽可能多的使用图形”等。于是图形、图像的使用受到了相当高的推崇，由纯文字组成的思维导图也就成为被鄙视的对象。

那么，绘制导图时到底应该用图形图像好，还是用文字好呢？为了回答这个问题，我们还是要搞清楚绘制思维导图的目的是什么，以及使用图形图像的真正目的又是什么。

前面章节多次分析过，中心节点使用图形图像的目的是帮助读者能一下子找到图的中心，其他节点使用图形图像则主要起到美化或点缀的效果，总体上来说都是为了美观。而绘制思维导图的核心目的是激发思维和整理思维，美观并不是其核心目的。若在图形和图像上耗费大量时间，则是本末倒置的，也是得不偿失的。

当然，若绘制的思维导图是用来展示或展览的，这时美观就成为重要指标，多花些心思在图形图像上是很必要的。2010 年，我曾为《国家教育中长期发展规划纲要（2010—2020）》制作了系列思维导图，当印刷出来的思维导图分发到同事们手中时，大家一致的反应是“图很漂亮”。其实我更希望听到的是“思路很清晰”，若仅仅只是“图很漂亮”，那就显然模糊了焦点，思维导图也就失去了它应有的价值。

争议五：过程还是结果？

第五个争议的问题是思维导图到底是注重过程还是注重结果。这个问题也是我在做教师培训时经常被问到的一个问题。

其实，思维导图对应的英文名有两个——Mind Mapping 和 Mind Maps，前者是指构图过程，后者是指构图的结果。这就是说，思维导图不但是要注重思维过程，而且还要注重思维结果。制作思维导图的过程，是对思维进行激发和整理的过程，而结果就是清晰思维的外在表现，没有过程就没有结果，如果注意力放在过程上，结果就有了保障；如果结果不清晰，那一定还是过程不到位。

争议六：一步到位还是迭代修改？

第六个争议的问题是制作思维导图应该一步到位还是应该迭代修改。有人认为思维导图的绘制应该追求一气呵成的连贯性和全局性，但在具体绘图时，注意力往往被牵引向做笔记而挤占了记忆理解的时间，导致思考不仅没有指向全局反而偏向了局部。

要回答这个问题，也得分具体的情况。如果是基于纸笔来制作思维导图的话，每个人都希望一气呵成，但事实上一幅思维导图不修改几遍是很难达到理想效果的。由于纸笔绘制时修改、保存、传播都很不方便，在条件允许的情况下建议，还是使用工具软件来制作。使用软件制作思维导图可以随时修改，有点儿想法就补充点儿，完全可以用零碎的时间完成较大的任务。至于“注意力被牵引到笔记而影响记忆和理解的时间”，这显然有违思维导图的本意，造成这个现象的主要原因还是思维导图软件使用得不熟练，或者手绘时过度注重形式。如果是在课堂上使用，由于老师讲的内容教材上都有，有些老师还提供 PPT，学生不应该将重点放在记录具体内容上，而应该放在理解要点（核心概念）以及要点的相互关系上。课堂上画的应该是草图，进一步整理、补充和美化的工作可以放在课后来做。

本章要点

1. 思维导图作为一种“笔记”工具，其内涵不仅仅是“记录他人想法（Note Taking）”，还包括激发和整理自身思考（Note Making）以及激发他人思考（Brain Storming）。
2. 手绘还是软件绘制不是影响思维导图是否有效的关键因素，应该根据具体情况加以选择。
3. 用关键词、短语还是句子在效果上有所差异，前者有利于思维的激发和整理，后者则有利于分享时的原意表达，应根据具体情境加以选择。
4. 使用图形和图像的主要目的是美观，在个人使用思维导图整理和激发思维时，不宜在图形图像上浪费精力；但在思维导图用来展示展览时，考虑思维导图的艺术性就显得非常重要了。
5. 思维导图是过程（Mapping）与结果（Maps）的统一体，过程是结果的保障，结果是过程的体现，因此构图过程比构图结果更重要。

6. 绘制思维导图不是一个一蹴而就的过程，而更多是一个迭代修改的过程。

本章参考文献

[1] 赵国庆．概念图、思维导图教学应用若干重要问题的探讨 [J]. 电化教育研究，2012(5): 78-84.

[2] 赵国庆，黄荣怀，陆志坚．知识可视化的理论与方法 [J]. 开放教育研究，2005(1): 23-27.

第十七章 形象抽象——思维导图可视化了什么

当人们谈到思维导图的时候，总是喜欢用“形象”“漂亮”“美观”等词汇来称赞它们。我们在上一章曾经论述过，由于“漂亮”和“美观”程度只是反映了绘图者在思维导图美化上花了多少功夫，以及绘图者本人的艺术造诣如何，其与绘图者的思维能力的关系并不大，所以并不能将其视为思维导图的本质属性。而“形象”与思维导图如影随形，本身就是与思维相关的高频词汇。那么，思维导图与形象思维到底是什么关系呢?

本章将首先分析什么是形象思维和抽象思维，然后分别从心理学视角和计算机视角深入分析思维导图可视化客体的特征，在此基础上尝试解答思维导图到底支持了哪种类型的思维，从而从侧面回答思维导图与形象思维的关系。

形象思维与抽象思维

思维是人脑对客观事物的本质属性和事物之间内在联系的规律性所做出的概括与间接的反映。人们通常把思维划分为形象思维和抽象思维。形象思维通常指基于表象的思维加工方式，而抽象思维则是基于概念、判断和推理进行的思维方式。有人认为“科学家基于概念进行思考”而“艺术家基于形象进行思考”，从而进一步认为科学家擅长抽象思维而艺术家擅长形象思维。事实上这是一个误解，因为形象思维与抽象思维是相辅相成的，形象思维并不仅仅属于艺术家，抽象思维也不仅仅属于科学家，它们都是科学家和艺术家进行发明创造的重要思维形式。

那么，在借助思维导图进行思考时，究竟使用的是形象思维还是抽象思维？一个重要的判断依据就是，思维导图中使用的是图像还是抽象的词汇。如果完全使用图像的方式来思考，那使用的主要是形象思维；若完全使用抽象词汇来绘制思维导图，则主要是基于概念进行的思维，因此更多体现出了抽象性。

事实上，思维导图不可能完全基于图像，也不可能完全基于词汇，所以基于思维导图的思考过程不是百分百的抽象思维，也不是百分百的形象思维，大多数基于思维导图的思考过程是形象思维和抽象思维结合使用的产物。例如，在基于思维导图进行激发和建立整体感时需要借助于表象，在基于思维导图进行思维整理（分层、排序和建立关联等）时，就需要充分调用判断和推理。

心理学视角：属性表象与关系表象

事实上，关于什么是形象思维也还存在着很多争议。根据思维加工对象的不同，何克抗（2000）将思维分为空间结构思维和时间逻辑思维，前者以视觉表象为加工材料，后者则以语言为加工材料。空间结构思维又可以进一步分为以属性表象为加工对象的思维方式和以关系表象为加工对象的思维方式，前者被称为形象思维，后者则被成为直觉思维。可以看出，何克抗（2000）定义的形象思维和我们通常所说的形象思维是不同的，只是我们通常所说的形象思维的一个子集。

从何克抗（2000）的概念体系出发，若将思维导图定位为形象思维工具，其暗含的意思是，思维导图的可视化对象是属性表象，这是不符合事实的。因为思维导图虽然包含了属性表象的成分，但更多的还是以关系表象为主的可视化。这样看来，思维导图更接近一种直觉思维工具！这与思维导图能帮助人们提升洞察力（Insight）是非常吻合的！

下面以“苹果”为例，如果目标是突出属性表象，那么画出来的思维导图可能更接近图77，事实上这类图用后面《并驾齐驱》一章中提到的思维地图（Thinking Maps）系列中的“气泡图”表示更为贴切；而如果目标是突出关系表象，那么画出来的思维导图可能更

图77　突出属性表象的思维导图案例

接近图 78，因为它更清晰地表示了事物和事物之间的关系。

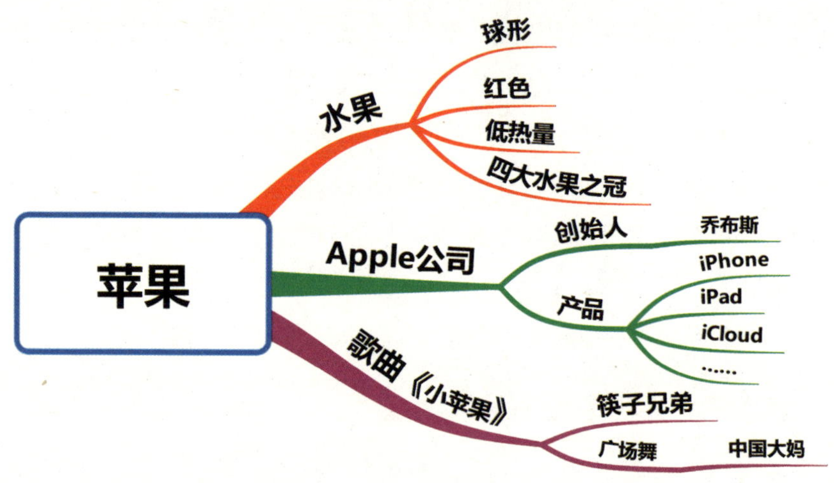

图 78 突出关系表象的思维导图案例

对于时间逻辑思维，我们也可以对其进行可视化，此时最合适的可视化认知工具是流程图。当然，思维导图本身也暗含了一定的时间逻辑顺序，用思维导图替代流程图表征时间逻辑思维也是可以的。

计算机视角：对象、属性与关系

在计算机学科，面向对象（Object Oriented）的思想是广为接受的分析世界的思想方法体系。根据面向对象思想，客观事物可以抽象为对象，而对象又包括它的静态属性（也称属性和成员变量）和动态属性（也称方法或成员函数，体现对象之间的关系和交互），从而进一步抽象为类、类的属性和类的方法。

这为我们分析思维导图又提供了一个新的视角。思维导图可视化的是对象？对象的属性？还是对象的方法呢？

如果可视化的是对象本身，那就可以直接用图像来替代！

如果可视化的是对象的属性，那就可以对对象进行详细的、精准的描述！

如果可视化的是对象和对象间的关系，那就用线条把具有关系的对象（用概念或图像表示的）连接起来，最好再用连接词把关系清晰地描述出来！

事实上，这 3 种情形都存在。第一种情形往往出现在孩童的画作中，对促进成人思考的作用并不大。第二种情形对于认识一个事物的外在特征具有很大的作用，但由于未能将对象置于一个更为丰富的情境中，其对思维的促进作用也不大。最有价值和意义的是第三种。以一个人为例，若可视化的是对象本身，照片是最好的可视化形式；若可视化的是属性，则用一组形容词来描述他（或他）不失为一种好的选择；若可视化的是关系，用思维导图做一个个人介绍就很不错了。

思维导图的价值点：抽象思考与直观表达于一体

通过前面的分析，我们发现：思维导图是一种可视化认知工具，但可视化的客体可以是对象，也可以是对象的属性，还可以是对象和对象之间的关系。这 3 种可视化是不同的，对对象及其属性进行可视化更多体现了形象的特征，而对关系进行可视化则更多体现了抽象的特征，因为提炼要点并建立要点之间关系的过程就是抽象思维的过程。

思维导图作为是一种可视化认知工具，可视化的重点是对象（用关键词表示）之间的关系而非对象本身或对象的属性。着重于对象本身或对象属性的可视化可称为形象化，但思维导图并不以形象化见长，真正见长并发挥作用的是对对象之间关系的可视化。所以，思维导图更多是一种关系可视化工具，而非对象可视化工具或属性可视化工具。不仅如此，其他的可视化认知工具如 Thinking Maps、概念图、鱼骨图等，本质上都是关系可视化工具。

但也不能否认思维导图的“直观化”特征，因为其将抽象的关系通过图形的方式表征出来，这本身也是一种“直观化”（何克抗的体系中是“直觉化”）。我们不妨认为，思维导图支持的是抽象的思考，但采用的却是直观的表达。

思维导图是一种功能有限的关系可视化工具

进一步看，对象之间的关系可以分为层次关系、分类关系、并列关系、顺序关系、关联关系等，思维导图擅长表达层次关系、分类关系、并列关系和顺序关系，但对关联关系、隐喻、比较等其他关系的表征力不从心。

事实上，对于关联关系，概念图更为适合，隐喻则可以使用思维地图中的桥形图来表示，比较和对比可以用思维地图中的双气泡图来表示（韦恩图也是不错的工具），为了对事物进行深层次的比较和对比，就需要明确比较的项目和基准，这时比较矩阵是最佳的选择。

所以，思维导图是一种功能优先的关系可视化工具。更多的可视化工具我们会在后面的《孪生兄弟》和《并驾齐驱》两章中详细阐述。

本章要点

1. 简单认为思维导图是一种形象思维工具是对思维导图的最大误解。思维导图可视化的客体可以是对象、对象的属性或者对象之间的关系，但最大的价值还是体现在对对象之间关系的表征上。可以认为思维导图是一种将抽象关系直观化的思维工具。
2. 思维导图对关系进行可视化的时候，由于自身隐含的关系通常是层次、分类、并列或顺序关系，但对关联关系、隐喻、比较等其他关系的表征力不从心，因而是一种功能有限的关系可视化工具。
3. 要对更复杂的关系（如关联、比较、类比等）进行可视化，我们需要借助更多的图示法，如概念图、韦恩图、鱼骨图、桥形图、复流程图等。

本章参考文献

[1] 何克抗．创造性思维理论：DC 模型的建构与论证 [M]. 北京：北京师范大学出版社，2000.

第十八章 是非曲直——思维导图如何评价

前面我们讨论思维导图的手段选择，以及思维导图到底可视化了什么。随着思维导图应用的不断深入，使用者会逐步把注意力转移到如何评价上来。那么如何评价思维导图呢?

事实上，如何具体评价思维导图并没有一致性结论，本章将为您介绍我们在实践操作中的一些心得。

思维导图评价的两种含义

思维导图的评价包含两个层面上的含义：一是将思维导图作为评价对象，对思维导图作品的形式、内容及思维深度做出评价；二是将思维导图作为评价工具，通过思维导图作品来评估学习者对知识的掌握程度和思考的深度。前者适合在直接思维课（以思维导图或思维技能为教学内容的课程）中进行，后者则适合在学科教学（以思维导图为辅助工具的学科课程）中进行。这两类评价有一定的相同之处，但也有各自的侧重点。

思维导图作为评价对象

无论好坏，学科教学都已形成一套成熟的评价体制，但由于思维导图还属于学校教学大纲之外的内容，绝大部分学校还没有相关的课程，少数开设思维导图的学校也通常是以校本课程或第二课堂的形式，因此就思维导图作品来说，尚未形成一套成熟的评价机制。评价是教学的指挥棒，如何对学生的思维导图作品做出评价也就成为开设相关课程的老师们最为关心的问题之一。

在直接思维课上，鉴于课程目标是教授思维导图的使用技能并借助思维导图开发学生思维，围绕这个目标，评价的重点是学生有没有很好地掌握思维导图技能，并运用思维导图激发和整理思维。此时，思维导图作品就成为评价的对象。

从思维导图的技能掌握上，我们可以从形式上评价思维导图是否规范；从思维导图的运用上，我们可以评价学生的思维是否得到有效激发和整理，激发可以从数量的多少及新颖性上加以评价，整理则可以从思维的内在一致性以及严谨性上加以评价。下面分别介绍具体的评价观测点。

规范性评价（形式上的评价）

无规矩不成方圆，对于初学者来说，思维导图的规范性很重要。这里结合《形式为先》一章中讲解的思维导图绘制规则，给出一个简易的思维导图规范性评分表（见表 5）。

表 5 思维导图的规范性评分

评价项目	评价标准	评分				
中心主题	中心主题突出，位于中心位置	5	4	3	2	1
线条	线条从粗到细，使用曲线	5	4	3	2	1
交叉连线	交叉连线数量适中，能体现跨分支之间的关系	5	4	3	2	1
颜色	色彩丰富，每个分支一种主色调	5	4	3	2	1
图像、图标	图像、图标使用合理，有实际意义	5	4	3	2	1
关键词	关键词提炼合理	5	4	3	2	1
文字书写	文字书写工整，清晰易读	5	4	3	2	1
整体布局	布局合理，层次清晰，符合顺时针阅读习惯	5	4	3	2	1
总评	综合以上项目得出整体分数	5	4	3	2	1

思维激发水平评价（内容数量上的评价）

思维导图作为一种非线性思维工具，其核心价值之一就是帮助人们摆脱线性思维的束缚，放飞思维。因此，思维导图上有没有“料”也是对思维导图进行评价的重要指标。此时，我们可以从激发出的关键词数量、与中心主题的相关性以及激发内容自身的新颖性对思维激发水平进行评价。下面给出一个思维导图的思维激发水平评分表（见表6）。

表6　思维导图的思维激发水平评分

评价项目	评价标准	评分				
关键词数量	数量丰富，思维得以有效打开	5	4	3	2	1
内容相关性	内容与主题密切相关。	5	4	3	2	1
内容新颖性	内容打破常规，突破章节限制，联想、想象丰富	5	4	3	2	1
总评	综合以上项目得出整体分数	5	4	3	2	1

思维整理水平评价（思维质量上的评价）

思维导图的形式和思维导图承载内容的数量并不足以保证思维的质量，因为思维的质量重点体现在思维对知识的整理加工上。因此还需要从思维整理水平的角度对思维导图作品进行评价。此时，我们需要审视的是：思维导图中的各种关系（层次关系、兄弟关系、顺序关系、交叉连接关系）是否合理，是否遗漏了重要的要点（完备性），以及思维导图对问题的分析和阐述是否深刻到位，是否体现了一定的创造性和批判性。表 7 给出思维导图的思维整理水平评分表。

表7　思维导图的思维整理水平评分

评价项目	评价标准	评分				
层次关系	中心节点与主分支，主分支与子分支间具有清晰的层次关系	5	4	3	2	1
兄弟关系	兄弟节点表达的内容处于一个层次上	5	4	3	2	1

（续表）

评价项目	评价标准	评分				
顺序关系	兄弟节点排序具有合理性	5	4	3	2	1
交叉连接关系	交叉连接的运用能突出跨分支的某种关联	5	4	3	2	1
完备性	能形成一个整体，无明显内容缺失	5	4	3	2	1
创造性	分析视角的新颖程度	5	4	3	2	1
批判性	分析思路的严谨程度	5	4	3	2	1
对中心主题的阐述深度	对中心主题的问题给出了深入的分析和回答	5	4	3	2	1
总评	综合以上项目得出整体分数	5	4	3	2	1

思维导图作为评价工具

把思维导图作为评价对象时，我们是在用另一把“尺子”来衡量思维导图的好坏。但在学习者熟练掌握思维导图之后，更多的场景却是将思维导图当作“尺子”去衡量其对知识的掌握程度。

传统的标准化考试难以清晰地呈现学习者的知识结构及其思考加工的过程，因此并不利于教师对学习者学习情况的深入了解。思维导图犹如一面镜子，清晰地将学习者的知识结构和思考加工水平可视化出来，根据可视化的结果可以清晰地知道学习者在对知识理解上的偏差和漏洞。对教师来说，思维导图提供了一种透视学生内心的手段；对于学习者自身来说，思维导图也不失为一种自我测查工具。

在将思维导图作为评价工具时，前面的 3 个评分表依然有效，只是在侧重点上需要有所偏移。由于此时的关注点是知识加工本身，形式上的评价可以不作为重点，而应该更多去关注内容以及思维的质量。

两种评价方式的比较

尽管都是用于评价，但将思维导图作为评价对象和将思维导图作为评价工具是不同的，主要体现在以下 3 个方面。

首先，评价目标不同。将思维导图作为评价对象的目标主要是关注思维导图画得怎么样以及思维加工水平如何，思维导图主题的选择不是重点。而将思维导图作为评价手段的目标是了解学习者对知识的理解水平，此时思维导图的主题是确定的，思维导图的绘制技能不是考察重点。

其次，评价客体不同。将思维导图作为评价对象时，思维导图本身是评价客体；将思维导图作为评价工具时，学习者对知识的掌握程度是评价客体。

最后，评价手段不同。将思维导图作为评价对象时，思维导图评价量表是评价手段；将思维导图作为评价工具时，思维导图自身是评价手段。

评价的实施

将 3 个评分表结合使用，就构成了相对完整的思维评价量表。但在具体实施时，若每一幅思维导图都逐个项目去评价，工作量就可想而知了。所以，我们建议教师们在熟练掌握评分要点后，简化评分项目，在思维导图作品上采用“5+5+5”的评分机制。譬如“5+4+1”：第一个“5”表示形式非常规范；第二个“4”表示内容比较丰富；第三个“1”表示思维未能得到有效整理，依然处于混乱的状态。

需要指出的是，这些评价方法不仅可以用于教师对学生进行评价，也可以用于学习者的自评。

不同的应用阶段，不同的评价重点

在《合理期待》一章中，我们将思维导图的学习者分为“无意识的低效”“有意识的低效”“有意识的高效”和“无意识的高效”4 个应用阶段。在不同的应用阶段，学习者使用思维导图的水平也有所不同，因此，思维导图的评价也应该有不同的侧重点。

初学者可能还处于“有意识的低效”阶段，此时的重点应该是思维导图的绘制技巧，即从形式规范上去评价，譬如关键词提炼得是否合适、颜色使用是否合理、布局是否美观等，最好的办法是找几幅优秀的作品，让学生去模仿，在模仿的过程中逐步掌握软件的使用或手绘的技巧。

中级使用者可能处于“有意识的高效”阶段，评价重点则应该是以内容为主。这时应该帮助学习者思考节点之间的关系是否准确、顺序是否合适、是否符合主题、逻辑是否顺畅等。

对专家型使用者来说，思维导图本身已经不是问题，评价重点应该转移到思维导图对知识加工整理深度上，同时关注对创造性思维和批判性思维发挥的促进上。此时的思维导图不应该停留在对现有资料的整理上，而是应该将个人的见解有效地体现在图中，激发新的想法，产生新的创意。

本章要点

1. 思维导图的评价包含两个层面上的含义：一是将思维导图作为评价对象，对思维导图作品的形式、内容以及思维的深度做出评价；二是将思维导图作为评价工具，通过思维导图作品来评估学习者对知识的掌握程度和思考深度。
2. 思维导图的评价可以从规范性、思维激发水平和思维整理水平 3 个层面展开。
3. 思维导图的规范性方面，评价主要关注关键词的提取、颜色、线条、图形、图像、图标、代码的使用是否符合规范，布局是否美观等。
4. 思维激发水平上，评价主要关注内容的丰富性、相关性和新颖性。
5. 思维整理水平上，评价主要关注知识内部关系的梳理，内容的完备以及创造性思维和批判性思维的发挥。
6. 思维导图评价具体实施时，可以采用简化的五分制替代详细的评分表。

7. 本章中提到的评价方法，不仅可以用于教师对学生进行评价，也可以用于学习者进行自评。

本章参考文献

[1] 赵国庆. 概念图、思维导图教学应用若干重要问题的探讨[J]. 电化教育研究，2012(5): 78-84.

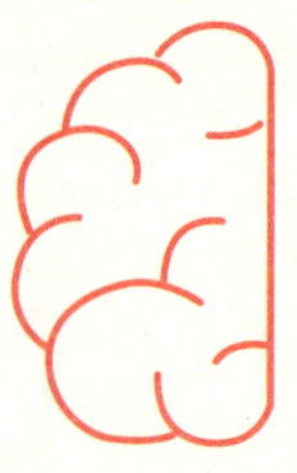

第十九章 孪生兄弟——思维导图与概念图辨析

在《形象抽象》一章中，我们谈到思维导图是一种功能有限的关系可视化工具，除思维导图之外，还有很多有着不同特征和用途的可视化工具。在众多可视化认知工具之中，影响最大的莫过于概念图了。概念图与思维导图如同孪生兄弟一般，共同演绎着各自的精彩。

然而，太多的使用者并不清楚概念图和思维导图的异同，在使用中张冠李戴的案例比比皆是。为了让大家认清思维导图与概念图的差异，也为大家更透彻地认识思维导图，本章将论述它们的相似与不同。

当前对概念图和思维导图认知的几种观点

当前对“概念图”和“思维导图”两个概念的认识不是很统一，主要存在着“等同论”“无需区分论”和“不同论”3 种观点。（赵国庆和陆志坚，2004）

“等同论”认为：“概念图”和“思维导图”是同一个东西，“思维导图”是“概念图”的别称。持这类观点的人宣称“概念图就是思维导图，思维导图也就是概念图”。这类观点非常普遍，常见于众多网上讨论区、blog 以及一些交流会中。（齐伟，2003）

“无需区分论”则认为“概念图”和“思维导图”是不同的，有类似之处，也有些许区别，但是对于一线使用者来说，采用何种名称并不重要，因此不需要对这两个概念加以区分。他们认为，虽然“概念图”来源于英文的“Concept Map”，“思维导图”来源于英文的“Mind Map”，但引入中国后，不妨都称为“概念图”。持这种观点的人可以分为 3 类：一是研究“概念图”，冠以“思维导图”的头衔；二是研究“思维导图”，冠以“概念图”头衔；三是将两者紧密结合，但却忽略两者差异。（赵国庆和陆志坚，2004）

“不同论”则认为“概念图”和“思维导图”在起源、本质、形式和应用方面都有很大的不同，是不同的概念，尽管具有很大的相似性，但仍然需要加以区分。如果不能清楚地认识到两者的差异，将在很大程度上歪曲概念图以及思维导图的原意，影响其最大功能的发挥。（赵国庆和陆志坚，2004）

在概念图和思维导图刚刚引入国内时，“等同论”和“无需区分论”占据主导地位。但随着研究和实践的不断深入，越来越多的学者和使用者逐步转向将两者严格区分的主张，但从整体上看，将两者混淆导致“挂羊头卖狗肉”的现象还是非常严重的。

两者严重混淆的原因

人们将两者严重混淆并不奇怪，就好比两个陌生的外国人，对你来说都是外国人，他们之间并没什么不同。但随着交往的加深，你就会逐步了解到他们的细节性信息，两人之间的差别就逐渐体现了。可见，将概念图和思维导图混淆在一起，其根本原因是对两者认识不够深入，至少对其中一个认识不深入。

美国著名思维教育专家马扎诺（2008）通过对大量已有教育实证研究进行元分析发现，鉴别相似与不同（Identifying Similarities and Differences，ISD）是最为有效的教学和学习手段，鉴别相似与不同通过找出两个对象尽可能多的相同点和不同点实现对被比较对象的深刻认识。为了对概念图和思维导图有更深入的认识，我们不妨对其进行比较和对比，从而找出它们的相似与不同。

认识概念图

为了让大家快速认识概念图，我们不妨用概念图来讲概念图。图 79 是概念图的发明人康奈尔大学的诺瓦克博士（J.D. Novak）绘制的概念图的概念图。

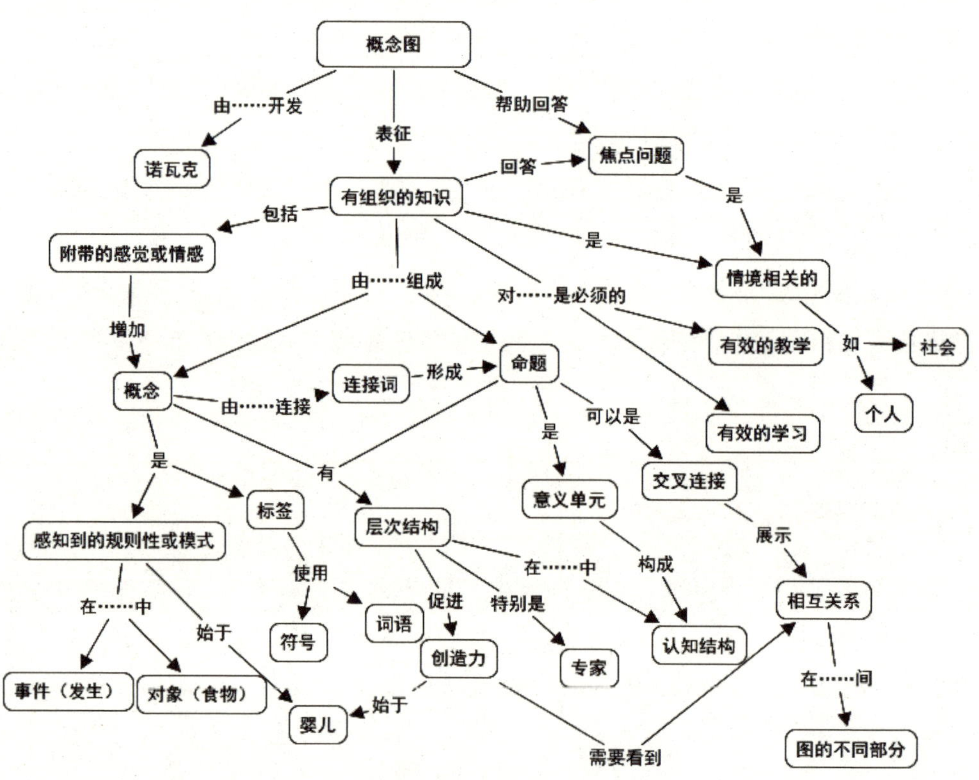

图 79　概念图的概念图（Novak &Gowin，1984）

简单观察上面的概念图，可以看到最顶端有一个焦点问题（Focus Question），它用来说明这幅图具体回答什么问题。图 79 中用圆角方框框起来的叫作概念（Concepts），连接两个概念的线条叫作连线（Links），线条上的文本叫作连接词（Linking Words），“概念 – 连接词 – 概念”这样一个三元组就构成了一个命题（Propositions），如“概念图表征有组织的知识”就是一个命题。在概念图中，命题都是独立的意义单元，多个命题共同构成了认知结构。概念图的不同部分之间的相互关系可以通过交叉连接（Crosslink）来表示，这种相互关系是发挥创造力的表现，如图 79 中的“创造力 – 需要看到 – 相互关系”就是一个交叉连接。

我们再给出一个描述三角形相关概念及其关系的概念图（见图 80）。从图 80 中可以看到，三角形有三条边和三个角，边相交形成了角。按照边的特征可以把三角形分为一般三角形、等腰三角形和等边三角形，按照角的特征可以把三角形分为锐角三角形、直角三角形和钝角三角形，而等边三角形一定是锐角三角形，如果一个三角形既是等腰三角形又是直角三角形，那它就可以称为等腰直角三角形。在这幅图中，“等边三角形”和“锐角三角形”是属于不同部分的概念，因此“等边三角形”和“锐角三角形”之间的连接可以看作交叉连接，体现的是绘图者的直觉能力和创造性思维。

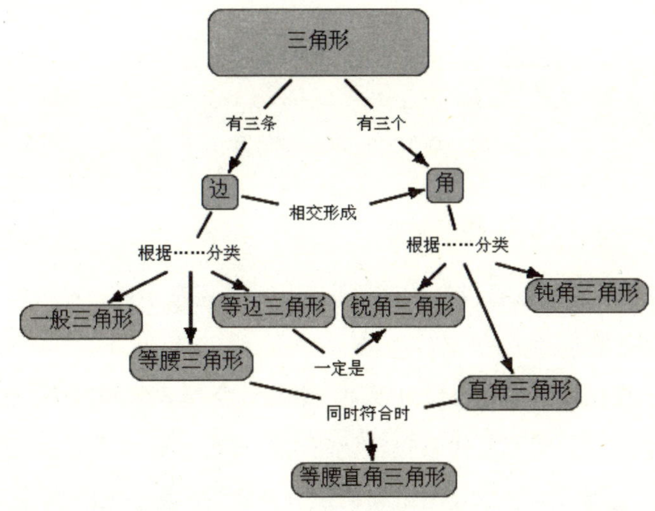

图 80　关于三角形的概念图

概念图的制作过程称为概念构图（Concept Mapping），这是康乃尔大学的诺瓦克博士根据奥苏贝尔（David P. Ausubel）的有意义学习理论提出的一种教学技术。（Novak&Gowin，1984）奥苏贝尔把学习分为机械学习和意义学习，与机械学习相比，意义学习通过有意识的努力，将新知识和已有知识连接起来，形成新的认知结构。（奥苏贝尔等，1994）概念构图能够促进认知结构的形成，而概念构图的结果就是概念图（Concept Map），如图 81 所示。关于意义学习的相关理论，我们已经在前面的《何以有效》一章中介绍过，它可以作为概念图和思维导图的共同理论基础。

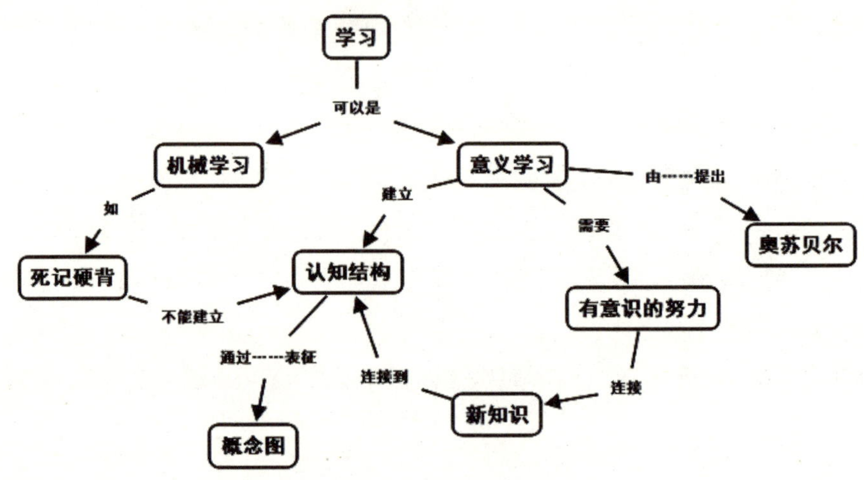

图 81　关于学习的概念图

概念图与思维导图的相同点

概念图和思维导图被广泛使用说明了它们巨大的潜在价值，被很多人混用也表明了它们有众多的相同点。

首先，概念图和思维导图都是可视化、非线性工具。（赵国庆，2012）诺瓦克博士将概念图定义为使用节点代表概念、使用连线表示概念间关系的知识组织和表征工具。从定义上可以清楚地看出概念图是一种知识的组织和表征工具，这种工具的特征包括：图示化、突出概念、突出概念之间的关系、突出概念之间的层次。图示化，也就是将概念之间的关系非线性化，是其与其他知识表征工具（如线性文本）的最大不同。前面章节已经将思维导图定义为促进思维激发和思维整理的可视化、非线性思维工具。可见，可视化与非线性是思维导图和概念图的共同且本质的特征。

其次，概念图和思维导图可以用相同的理论体系来解释。尽管两者的最初的理论出发点并不相同，但并不意味着其中一个的理论基础不能解释另一个。概念图的理论基础“意义学习理论”同样适用于思维导图，认知心理学的工作记忆的组块加工理论也同样适用于概念图和思维导图。

第三，概念图和思维导图都强调过程胜于结果。概念图相关的英文有两个词：

Concept Mapping 和 Concept Maps。前者也可以翻译为“概念构图”，强调形成概念图的过程，后者一般翻译成“概念图”，强调概图构图的结果。同样，思维导图对应的英文包括 Mind Mapping 和 Mind Maps，前者表示构图过程，后者表示构图结果。而这一点也是所有认知工具的共同特征。

概念图与思维导图的不同点

相信看到前面两幅概念图后，就很少有人说概念图和思维导图是相同的了。那么，两者具体都有哪些不同呢？事实上，概念图和思维导图在历史渊源、直接目的、理论基础、定义、制作步骤、表现形式、思维加工深度和评判标准等多个方面有所不同（赵国庆和陆志坚，2004；赵国庆，2012）。下面分别进行论述。

1. 历史渊源不同

概念图正式诞生于 1972 年，其发明人是美国康乃尔大学的诺瓦克博士，概念图是作为一种支撑有意义学习的教学技术而提出的。（Novak& Gowin，1984）

思维导图发明于 20 世纪 60 年代，其发明人是英国心理学家博赞。思维导图发明的初衷是改善传统线性笔记的不足，因而可以看作一种新型的笔记方法。（Buzan& Buzan，1994）

2. 直接目的不同

概念图的直接目的是表征知识，思维导图的直接目的是激发和整理思考。直接目的的不同也就引起了各自在对方功能领域显得要弱一些。如概念图在激发和整理思考方面没有思维导图方便高效，思维导图在表征知识方面也没有概念图清晰完备。

3. 理论基础不同

概念图以认知心理学的有意义学习理论为理论依据，强调学习是新旧知识的连接。思维导图最初则是从大脑神经元和左右脑分工的角度进行阐述的，认为思维是神经元及神经元之间的连接，左右脑有着不同的分工，右脑比左脑有着更大的潜力可供开发。

在不同的理论指导下，各自的关键特征也就存在着差异，概念图可以用概念、关系、连接词、命题、层次和交叉连接等描述，思维导图则可以用节点、分支、颜色、图标、代码等来描述。概念图的连接词和命题等关键特征思维导图并不关注，而思维导图的颜色、图标、代码等关键特征概念图也不关注。

需要指出的是，由于人类对大脑认识的还远远不够，脑科学的研究阶段也在不断得到修正。使用不成熟的理论作为基础为思维导图的理论解释合理性埋下了隐忧，同时也为别有用心者神化思维导图创造了机会。

4. 定义不同

根据诺瓦克博士的定义，概念图是用来组织和表征知识的工具。它通常将某一主题的有关概念置于圆圈或方框之中，然后用连线将相关的概念和命题连接起来，连线上标明两个概念之间的意义关系。（Novak& Gowin，1984）

博赞认为思维导图是对发散性思维的表达，因此也是人类思维的自然功能。他认为思维导图是一种非常有用的图形技术，是打开大脑潜能的万能钥匙，可以应用于生活的各个方面，其改进后的学习能力和清晰的思维方式会改善人的行为表现。（Buzan& Buzan，1994）

从定义上看，诺瓦克为概念图给出了非常具体的操作性定义，博赞并没有给出思维导图的具体定义，而只是对其特征和作用进行简要描述。

5. 制作步骤不同

概念图的基本制作步骤包括以下几个部分。①选取主题。概念图的结构跟其所要应用的情境关系很大，最好找出课文中的某一段、某个实验活动或需要理解的某一问题，以此创设一种情境，以便于确定概念图的层级结构，同时也有利于选出一定范围的知识做出第一个概念图。②确定重要概念并排序。从选定的主题（如教材的某一章节）中挑出关键概念以及与之相关的其他概念，并把这些概念按照从一般到具体，概括性由大到小排序。③将概念按层排列。把概括性最广、最一般的概念放在顶层，依次向下，概括性较低的位于较低层次，最具体的概念位于最底层，不同层级的概念可用不同的颜色或不同形状的框表示。④建立概念之间的连接。把每一对相关的概念用连线联结，并在线上用连接词标明两者的关系。⑤修改与完善。对已画好的概念图在整体上予以修改，且随着进一步的学习，要随时重新考虑所绘制的概念图，以不断地修正，充实和发展自己的知识结构，以使概念图真正成为促进意义建构活动的有力工具。（Novak& Gowin，1984；裴新宁，2001）

从两者创作的步骤可以看出两者有明显的不同。概念图是先罗列所有概念，然后建立概念和概念之间的关系。思维导图则是从一个概念出发开始，通过联想和想象进行逐渐发散。

6. 表现形式不同

根据 Novak 的定义，概念图表示的命题网络，包含节点以及节点之间的关系（形成一个命题），因此概念图在表现形式上是网状结构的。另外，概念图要求将最具包容力的概念置于图的顶层，具体的实例置于底层，因此概念图有着明显的层次关系。（Novak& Gowin，1984）

东尼·博赞认为思维导图有 4 个基本特征：①注意的焦点清晰地集中在中央图形上。②主题的主干作为分支从中央向四周放射。③分支由一个关键的图形或者写在产生联想的线条上面的关键词构成。比较不重要的话题也以分支形式表现出来，附在较高层次的分支上。④各分支形成一个连接的节点结构。因此思维导图在表现形式上是树状结构的。（Buzan& Buzan，1994）

7. 思维加工深度不同

从知识表示的能力看，概念图通过概念和连接词形成命题，进一步由命题构成知识网络。连接词的使用要求构图者必须清晰地澄清概念之间的关系，促进构图者对知识的深层次加工。

思维导图对节点之间的关系并没有严格的要求，因而关系是隐含的。对于没有深入思考过节点之间相互关系的人，这种思考相对概念图来说是肤浅的。

若对前文的描述三角形的概念图用思维导图来表示，就可以得到类似下面的图形（见图 82）。可以看出，使用思维导图对知识的加工深度明显不如概念图。

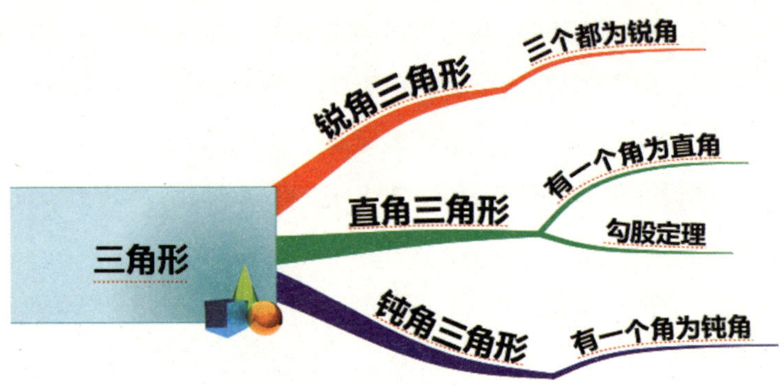

图 82　三角形的思维导图

8. 评判标准不同

概念图表征的是客观的知识体系，有对错之分；思维导图反映的是主观的想法，每个人的思维方式不同，无对错之分。所以，概念图可以作为评价工具，甚至有学者提出以专家图作为评价的依据，但思维导图是无法给出个评价的专家图的。

综上所述，我们可以发现：概念图和思维导图是不同人在不同场合下为解决不同问题而提出来的不同的可视化认知工具。在要进行思维的激发、整理等一般性工作时，思维导图是合适的也是能胜任的；但在概念较多且关系复杂的情况下，概念图更能深刻地表示知识体系及其内部关系。（赵国庆，2012）

概念图和思维导图的相互借鉴

随着概念图和思维导图影响力的不断增加，两个阵营的交流也不断增多，概念图和思维导图也在逐渐吸收对方的优点。例如，概念图软件中提供了丰富的图标，让概念图不再是传统的概念及其之间的连线，而是可以画得很美观，很艺术化；思维导图也提供了不同分支间的连接，并可以用连接词阐明具体的关系。（赵国庆，2004）

尽管两者相互借鉴，但其差别还是显著的。颜色、背景、图标、图片的使用在思维导图中是一种常态，而在概念图中只是点缀。同样，交叉连接及连接词的使用在概念图中是一种必须，而在思维导图中也只是偶尔的辅助手段。

看得出来，思维导图的盛行给了概念图发明人诺瓦克博士很大的压力，2005 年，我分别访谈诺瓦克和博赞，让其对对方的发明给予评价，当时两位大师似乎都对自己的东西更有自信，而对对方肯定不多。但在诺瓦克博士 2010 年出版的《学习、创造与使用知识》一书中却给了思维导图很高的评价，称其是“最广为人知的知识表征工具”，并推荐学习者“把思维导图作为学习概念图的跳板”，因为思维导图“更易上手”而概念图更“具反思性（More Reflective）”。（Novak，2010）

本章要点

1. 概念图和思维导图都是非线性、可视化认知工具，都可以用意义学习理论来解释，也都强调过程胜于结果。
2. 概念图和思维导图是不同人在不同场合下为解决不同问题而提出来的不同的可视化认知工具。两者在历史渊源、直接目的、理论基础、定义、制作步骤、表现形式、思维加工的深度以及评判标准上都有着较大不同。
3. 非线性和可视化是概念图和思维导图的相同点，也是其共同的本质特征。
4. 在进行思维的激发、整理等一般性工作时，思维导图是合适的也是能胜任的；但在概念较多且关系复杂的情况下，概念图更能深刻地表示知识体系及其内部关系。

本章参考文献

[1] BUZAN T, BUZAN B. The mind map book : how to use radiant thinking to maximize your brain's untapped potential[M]. New York: Dutton. 320. 1994.

[2] NOVAK J D, GOWIN D B. Learning how to learn[R]. Cambridge: Cambridge University Press, 1984.

[3] NOVAK J D. Learning, creating, and using knowledge : concept maps as facilitative tools in schools and corporations[R]. New York: Routledge.127, 2010.

[4] 奥苏伯尔 . 教育心理学 ：认知观点 [M]. 余星南，宋钧，译 . 北京：

人民教育出版社，1994.

[5] 马扎诺 . 有效的课堂教学手册 [M]. 杨永华，周佳萍，译 . 北京：教育科学出版社，2008.

[6] 裴新宁 . 概念图及其在理科教学中的应用 [J]. 全球教育展望，2001(8): 47-51.

[7] 齐伟 . 与黎加厚教授谈概念图 [J]. 信息技术教育，2003(9)：34-36.

[8] 赵国庆 . 概念图、思维导图教学应用若干重要问题的探讨 [J]. 电化教育研究，2012(5): 78-84.

[9] 赵国庆，陆志坚 . “概念图”与“思维导图”辨析 [J]. 中国电化教育，2004(8)：42-45.

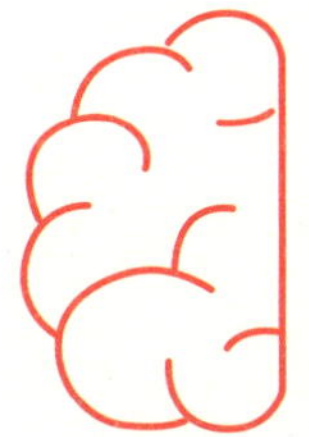

第二十章 并驾齐驱——其他可视化工具

上一章我们综合比较了概念图和思维导图，可以看出它们各有所长，各有所用。事实上，常用的可视化认知工具还远不止概念图和思维导图两种。与其相似但出发点有所不同的图示化方法还有知识地图（Knowledge Maps）、认知地图（Cognitive Maps）和思维地图（Thinking Maps）等。

本章简单介绍上述可视化工具，并从具体表示的思维技能视角对其进行综合比较。

知识地图

知识地图（Knowledge Maps，TCU）是得克萨斯基督教大学（Texas Christian University）一个研究组开发被称为“网络（Networking）”的学习策略。

得克萨斯基督教大学的研究者们尝试将知识地图作为一种知识表征形式，用来替代含有大量主题的文本信息。知识地图与概念图有很多的不同之处，其中最为明显的差异是连接词的使用。在知识地图中，连接词以缩写的形式出现，而且仅仅限于一个相对很小的词汇表中，如 is_a（是一种）、part_of（是一部分）、example（例如）等。第二个不同是节点表达的意义，知识地图中的节点不局限于概念，而是更为广泛的知识，因此可以用词、句子，甚至可以是段落来表示。研究者们还研究了图的不同形式的效果，他们认为不必将图限定为层次结构。因此知识地图可以表示各种不同类型的知识，包括层次结构和其他结构。（Holley &Dansereau，1984；Donnell et，2002）图 83 是一个知识地图的例子。

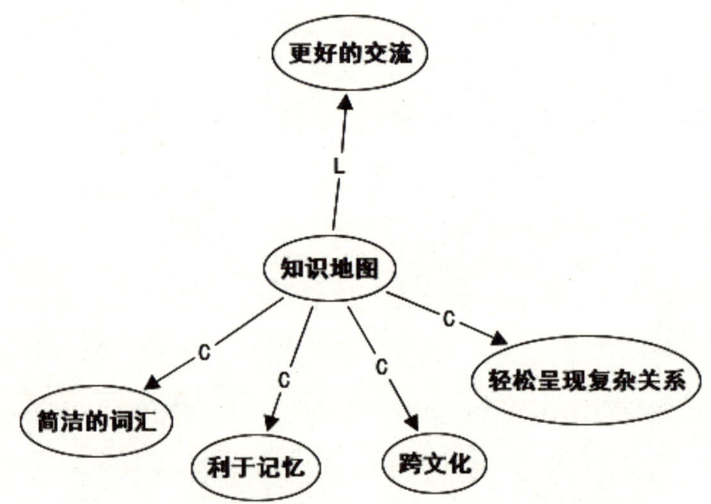

图 83　知识地图示例（译自[⊖]：L=Leads to，　C=Characteristic of）

认知地图

认知地图（Cognitive Map）也被称为因果图（Causal Maps），是由 Ackerman &Eden（2001）提出的，它将“想法”（Ideas）作为节点，并将其相互连接起来。与概念（Concepts）不同，想法大多是句子或段落。认知地图是以个体建构理论（Personal Construct Theory）为基础提出的，其中的“想法”都是通过带箭头的连接线连起来的，连接上没有连接词，且没有层次的限制，但连接线的隐含意思是“因果关系”或“导致”。认知地图用来帮助人们规划工作，促进小组的决策。（Ackerman &Eden，2005）

图 84 是一幅描述项目延期原因的因果图。

⊖ http：//www.psy.tcu.edu/acr/infoo.htm。

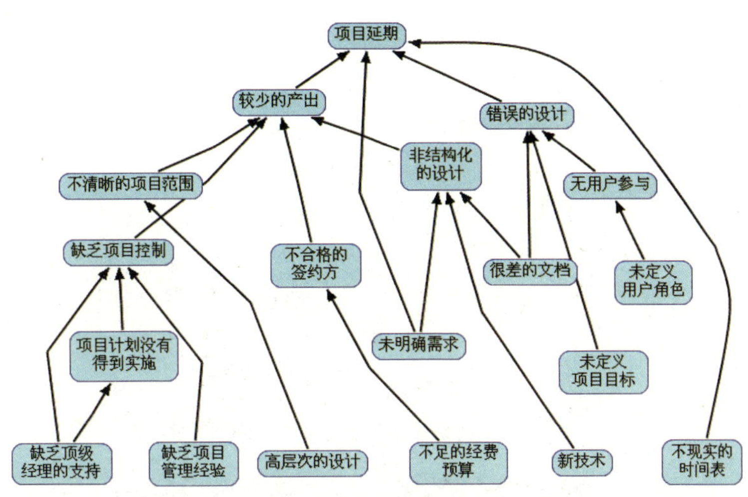

图 84　因果图示例

思维地图

思维地图（Thinking Maps）是由 David Hyerle 博士于 1988 年开发的促进学习的视觉语言。（David& Lawrence，2011）思维地图包括 8 种图，分别是：圆圈图（Circle Map）、气泡图（Bubble Map）、双气泡图（Double Bubble Map）、树形图（Tree Map）、括号图（Brace Map）、流程图（Flow Map）、复流程图（Multi–Flow Map）和桥形图（Bridge Map）。（David& Lawrence，2011）为了避免和思维导图的混淆，我更愿意用"八大图示法"来指代它们（见图 85）。

思维地图的每一种图都对应着一种具体的思维技能。圆圈图用来做头脑风暴从而获取整体感，气泡图用来对事物进行描述，双气泡图用来比较和对比，括号图用来表示整体和部分关系，树形图用于分类，流程图用来对信息进行排序，复流程图用于表示和分析因果关系，桥形图则用来表示类比关系。下面分别给出这 8 种图的示例。

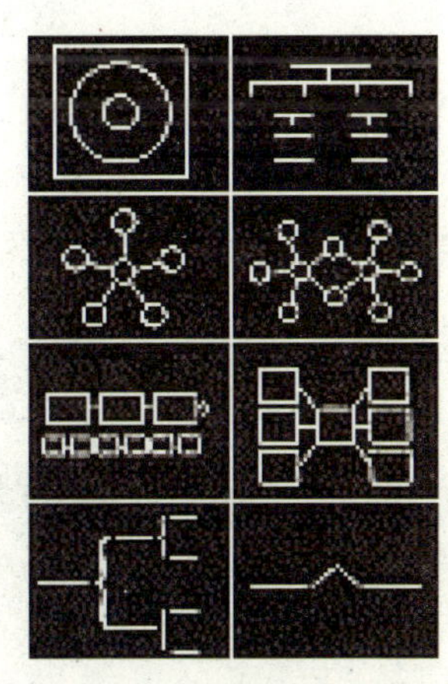

图 85　Thinking Maps 的 8 种图

图 86 是西安市莲湖区远东第一小学一名二年级学生以"西安"为主题绘制的圆圈图。通过绘制圆圈图，该学

生将自己对西安的印象可视化出来，拓宽思维广度的同时也增进了对西安的整体认识。若将这一过程应用到作文选题上，学生再也不担心无米下锅了。

图 86　圆圈图示例

图 87 是西安市莲湖区远东第一小学一名二年级学生应用气泡图对老师特征进行的描述。气泡图重点练习通过形容词来描述事物，通过绘制气泡图，学生对事物的描述变得也更加丰富和精准。

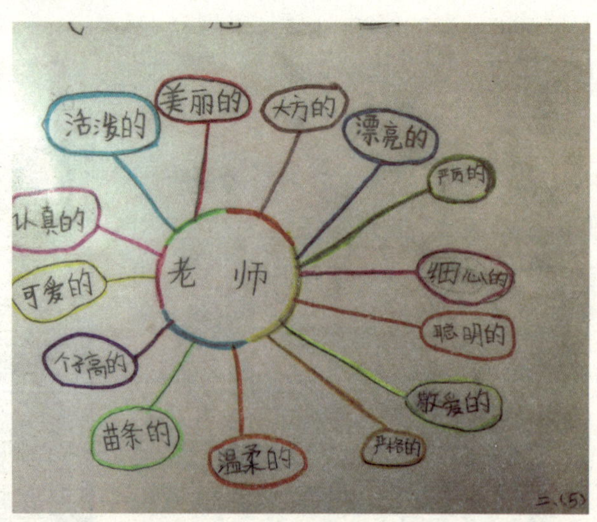

图 87　气泡图示例

图 88 是西安市莲湖区远东第一小学一名二年级学生对比西宁和厦门两座城市的双气泡图。通过绘制双气泡图，学生对两种事物的思考变得更加深刻和具体。相比于思考单一事物，比较和对比运用了更高阶的思维技能，达成了更高阶的学习目标，同时也能让学生对知识学习的兴趣有所提高。

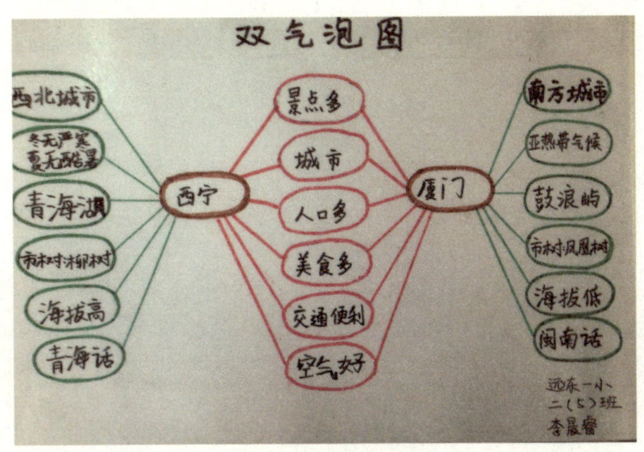

图 88　双气泡图示例

图 89 是西安市莲湖区星火路小学一名三年级学生对超市里的商品进行分类的树形图。通过树形图，提高了学生信息提取和加工整理的能力，让学生对事物间的共性与个性、分类标准的建立以及分类的多样性等都有了更深刻的认识。

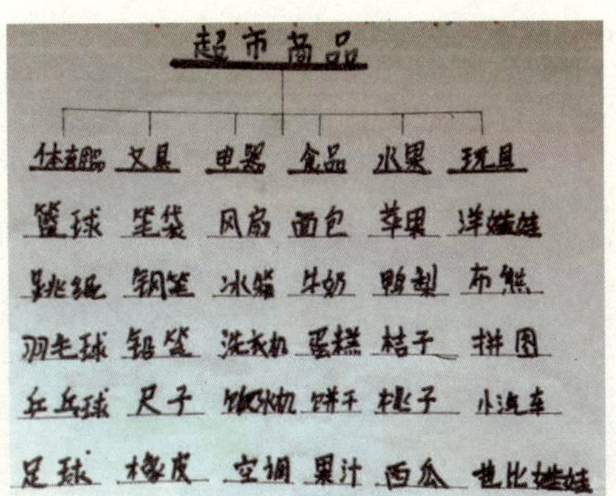

图 89　树形图

图 90 是西安市莲湖区星火路小学一名三年级同学分析“光头强”这一动画人物的括号图。括号图表示的是整体与部分关系，绘制括号图帮助学生建立起整体和部分的意识，训练学生从宏观和微观的视角看待具体事物，也训练了思考的完整性和准确性。

图 90　括号图

图 91 是北京市海淀区红英小学一名三年级学生绘制的关于如何煮面的流程图。通过绘制流程图，学生清晰地表达了事件发生发展的关键步骤及其前后顺序。

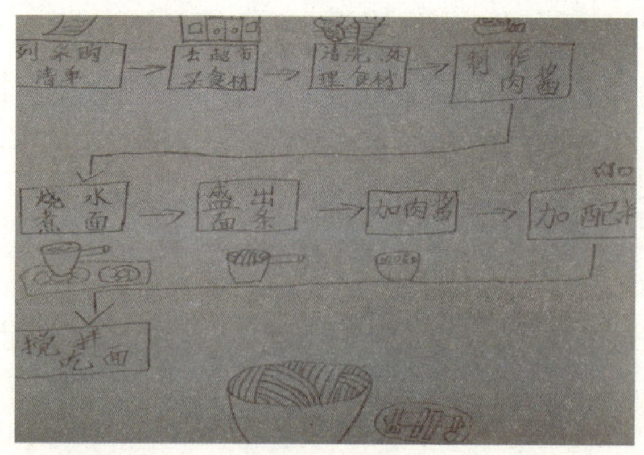

图 91　流程图

图 92 是一幅北京市海淀区红英小学三年级学生绘制的复流程图，主题是上学迟到的原因和结果。通过绘制复流程图，学生找到了事件中蕴涵的因果关系，从而对事件间的复杂关系有了进一步的认识。可以发现，复流程图也是实现学生自我教育的有效工具。

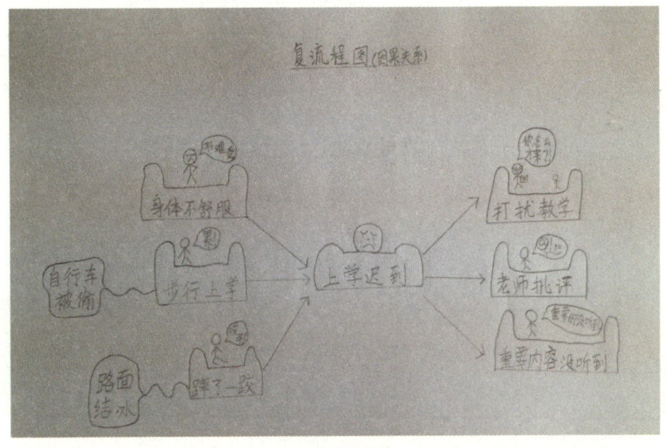

图 92　复流程图

图 93 是北京医科大学附属小学四年级学生绘制的桥形图。这是一节以“job”为主题的英语课，通过绘制桥形图，学生找到了不同人群的不同工作，在打通不同领域之间关系的同时，也练习了学生在语言学习中遣词造句的能力。

图 93　桥形图

各类可视化工具的整合

上面介绍的这些可视化认知工具各有特色，但它们的功能也多有重叠。下面通过一幅概念图来整合各种可视化工具（见图 94）。前面我们分析过，可视化的重点是对关系的可视化，而关系又可以分为概念关系和非概念关系。概念关系指的是两个概念之间的关系，又可以具体分为关联关系、整体与部分关系、分类关系和描述关系，非概念关系可以具体分为比较关系、顺序关系和隐喻关系等。从图 94 中可以看出，思维地图中的 8 大图示法都有很强的针对性，而思维导图和概念图则应用非常广泛，可以看作是综合性可视化工具。

思维地图的八大图示中，有五大图示（圆圈图、气泡图、括号图、树形图、流程图）可以通过思维导图实现，双气泡图和复流程图也可以用思维导图来实现，但需要一定的技巧；有六大图示（圆圈图、气泡图、括号图、树形图、流程图、复流程图）可以通过概念图实现。比较特殊的如桥形图表示的内容相对比较复杂，概念图和思维导图都显得有些力不从心。

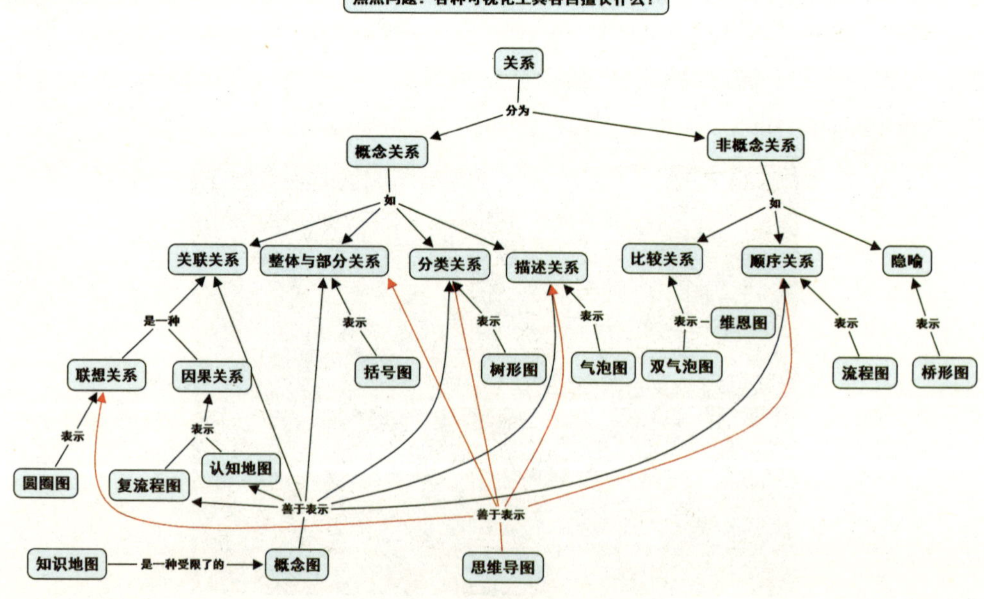

图 94　各种可视化工具的整合

本章要点

1. 知识地图（Knowledge Maps）是一种受限了的概念图，其连接词被限制在固定的一个集合中。
2. 认知地图（Cognitive Maps）虽然没有连接词，但隐含的是因果关系。
3. 思维地图（Thinking Maps）共有圆圈图、气泡图、双气泡图、树形图、括号图、流程图、复流程图和桥形图 8 个图，每一种图都有特殊的含义。
4. 各类可视化工具之间有所侧重又有所重叠，认清它们之间的区别是正确选用的重要前提。
5. 概念图和思维导图是综合性的可视化工具，能替代知识地图、认知地图以及思维地图中的大部分，但对个别（如桥形图）无能为力。

本章参考文献

[1] ACKERMANN F, EDEN C. Using Causal Mapping with computer based Group Support System technology for eliciting an understanding of failure in complex projects: some implications for organizational research[R]. American Academy of Management Conference, Washington, 2001.

[2] ACKERMANN F, EDEN C. Using Causal Mapping to Support Information Systems Development: Some Considerations, in Narayanan, V. K. and Armstrong, D. J., Eds, Causal Mapping for Research in Information Technology[M].Hershey, PA: Idea Group Publishing，2005.

[3] DONNELL A, DANSEREAU D, HALL R. Knowledge maps as scaffolds for cognitive processing[R]. Educational Psychology Review. 2002.

[4] DAVID N H, LAWRENCE S A. Student Successes With Thinking Maps: School Based Research, Results and Models Using Visual Tools（2nd

Revised edition) [R]. Corwin Press Inc, 2011.

[5] HOLLEY C D, DANSEREAU D. Networking: The technique and the empirical evidence[J]. In C. D. Holley & D. Dansereau，Spatial Learning Strategies: Techniques, Applications and Related Issues. San Diego: Academic Press, 1984: 81–108.

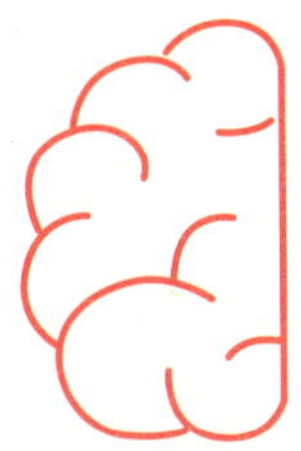

第二十一章 以讹传讹——思维导图与“神经神话”

随着思维导图应用的不断深入，社会培训机构迅速抓住商机，把思维导图包装成能“包治百病”的灵丹妙药。他们声称思维导图可以帮助学员激发大脑潜能，在最大程度上开发右脑，使学员成为“全世界最聪明的人”，甚至获得“超意识”等。

无风不起浪，商家如此宣传总是有原因的。那么他们这么宣传的理论基础在哪里？这些理论还站得住脚么？本章将试图为您揭开思维导图虚假宣传背后的“神经神话”。

“右脑开发”的由来：“左右脑分工”理论

包括博赞的思维导图原著在内，众多思维导图著作都以左右脑分工理论作为其重要的理论基础。那么，左右脑分工理论从何而来？其真正内涵又是什么？

1962 年，加州理工学院的斯佩里（Roger Sperry）和他的助手加扎尼加（M. S. Gazzaniga）以及迈尔斯（Ron Myers）等人对患有癫痫病的裂脑人进行了深入的研究，从而提出了“左右脑分工”的理论。该理论认为人的左右脑具有不同的功能，左脑主管言语、分析、逻辑、推理、数学、顺序等方面的言语类信息加工，右脑主管韵律、节奏、绘画、视觉、空间等非言语类信息的加工（见图 95）。（格里格，津巴多，2004；何克抗，2000）

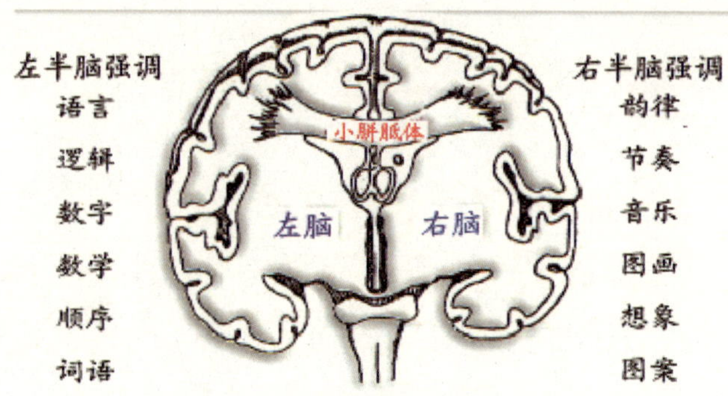

图 95　左右脑分工

然而，随着商业宣传的推波助澜，左右脑分工理论被大肆渲染，逐步演变为一个又一个“右脑神话”，学术界称之为“认知神话”。这些“认知神话”也成为思维导图被神化的助推器。下面梳理一下这些“认知神话”。

破解“认知神话”：对“右脑开发”的重新审视

“认知神话”是指来源于认知学科，但是在演化过程中偏离了神经科学的原始内涵，在神经科学以外的领域传播并稳定下来的观念，它运用科学的权威、增加合理的细节、引用科学研究或科学家的话语等增加“可信度”。（周加仙，2008）目前教育界存在着诸多认知神话，它们不仅阻断了人们对认知神经科学的正确认识，还促使广大家长和老师做出错误的判断和决策，严重影响了教育教学的正常进行。

“认知神话”的主要成因有两种：一是由于脑科学研究自身的局限性导致的，这一种需要进一步的科学研究来消除；（周加仙，2008）二是由于对神经科学研究成果进行错误理解和解释推论引起的（周加仙，2008；经济合作与发展组织，2006）。

“认知神话”在世界各国流传，主要包括“右脑人”神话、大脑关键期理论、莫扎特效应、大脑 10% 论断以及“睡觉也可以学习”论。（姜永志，2013；佘燕云 & 杜文超，2011；周加仙，2008）

“右脑人”神话

周加仙（2008）认为，“右脑开发”是对脑科学研究成果过于简单化的理解和应用。大脑是一个整合的、互动的神经网络，其两半球无时无刻都在进行信息的传递和交流。因而，“关闭左脑”而“开发右脑”无论在理论层面，还是在实践层面，都不是真实情况下大脑的运作方式。即使大脑真正遵从简单的左右脑分工的原则，当前市面上流行的开发右脑的产品和方案是否能真正开发右脑，都值得商榷。

“右脑开发”这种“神经神话”认为，左脑是理性思维、智慧思维、分析与语言的场所，最适合处理与语言、数学、阅读、逻辑推理等相关的任务，因此，认为那些理性的、智慧的、擅于逻辑分析的人是“左脑人”。而右脑被认为是直觉的、情绪性、创造性、空间思维的场所，最适合处理情绪感知、空间想象等相关任务，具有这些能力的人被称作“右脑人”。这一谬误的流传来源于早期严谨的神经生理学研究，早期研究发现，位于左脑的布洛卡区、威尔尼克区和角回与语言功能相关，口语的产生位于左脑前额叶，理解语言能力位于左脑颞叶。另一项割裂脑研究也支持了这一发现，即语言功能的不均衡分布形成了左半球为语言半球、右半球为非语言半球。1972 年，罗伯特·奥恩斯坦（Robert Ornstein）在《意识心理学》中将大脑左半球与西方人的逻辑性和分析性思维联系起来，将右半球与东方人的情绪性和直觉思维联系起来，这进一步加剧了这一谬误的流传。（周加仙，2008）

事实上，新的脑成像研究表明，情绪加工并不是右脑的独有功能，也没有科学证据表明逻辑思维依赖左脑以及数学与阅读是左脑的唯一场所。根据最新的研究结果，科学家认为，大脑两半球虽然存在功能不对称性，但它们并不是单独工作，而是通过左脑与右脑的协作来完成所有的认知任务。（周加仙，2008）

大脑关键期理论

大脑关键期理论认为，大脑及其功能的发展存在“关键期”。如果错过“关键期”，将会对相应的认知发展造成难以弥补的后果。但是，近些年来神经科学的研究却发现，尽管在某些特定的时间大脑对某些刺激比较敏感，但并不是像“关键期”假说所假设的那样，错过了“关键期”，相应的认知功能就无法得到正常的发展，只不过在所谓的“关键期”，大脑对某些刺激比较敏感，也就是说，大脑发展存在敏感期，在“敏感期”，大脑对某些类型的刺激比较敏感。教育应该重视儿童大脑发展的“敏感期”，但错过“敏感期”并不意味着机会的完全丧失，只是可能需要付出很多的努力来弥补因错过“敏感期”而造成的认知发展滞后。（王亚鹏和董奇，2010）

莫扎特效应

“莫扎特效应”来自于1993年美国加利福尼亚大学神经科学家罗切尔（Rauscher）等人的研究。他们让36名大学生听10分钟的莫扎特《大调双钢琴奏鸣曲》或者放松音乐之后，完成3个空间推理测试任务，结果发现听莫扎特音乐后学生得分提高了8～9个百分点，这一效果持续10～15分钟。而听放松音乐或者不听音乐完成空间任务的学生成绩没有变化。人们将莫扎特音乐能提高人的学习和记忆能力的现象称为“莫扎特效应”。（周加仙，2008）

这种被动地提高空间推理成绩的方法引起了媒体的广泛关注，并成为一些人追逐商业利益的一个科学依据。在大众媒体等非专业领域中，人们将这一研究解释为学习莫扎特音乐可以提高智力，或者学习莫扎特音乐能提高人的学习和记忆能力。（周加仙，2008）

罗切尔等人的研究发表后，许多人对此进行了重复研究，但是大多数实验没有证明其效果。其实该研究证明的是，当大脑的某些区域处于理想状态时，可以暂时地、小幅度地提高完成任务的成绩。儿童的大脑是在多种感官的刺激下发育成熟的，各种类型的音乐，不管是流行音乐，还是古典音乐，都能对大脑产生刺激。在教育文献和大众媒体中，将音乐提高空间推理能力的研究拓展开来，引申到学生一般学习能力与智力的培养中，过分夸大了这一研究结果。但是由于它切合了社会与家长对儿童智力发展的关注，因此广泛流传开来。（周加仙，2008）

大脑10%论断

这种“神经神话”认为，我们只使用了10%的大脑，剩余的90%还在沉睡中，因此大脑开发的空间巨大。这一“神话”的来源可能是著名科学家爱因斯坦的一次答记者问，他声称自己只用了10%的大脑。然而，神经科学的最新脑成像研究表明，即使在没有运动、感觉或情绪的状态下，整个大脑都处在激活状态，即使在睡眠状态，也不存在没有激活的脑区。所以从目前的证据来看，没有相关研究支持这一谬论，以此为前提的各类大脑潜能开发产品并没有真正的科学依据。（周加仙，2008）

睡觉也可以学习

这种“神经神话”的观点认为，人们可以在睡觉的过程中进行学习，如在睡觉中播放外语CD，可以提高外语学习能力等。早期一些简单的实验虽然支持这一观点，例如以被催眠的被试和处于浅睡眠状态的被试为研究对象，确实可以发现这种现象的存在，但从严格意义上来说，这并不能代表真正意义上的睡眠。之后，在西方国家运用EEG对睡眠状态进行严格控制的前提下所开展的边睡边学习的研究中，没有一项能够证明有学习发生（Gais & Born，2004）。

这一谬误同样没有取得神经科学上的支持，边睡边学仍然是一个神话，我们或许永远也不可能有一天看到学校的课堂上会推行这样的教育方法，但这一现象在家庭教育中却仍十分流行。（姜永志，2013；周加仙，2008）

失去了“右脑开发”的幌子，思维导图还有用么？

如何正确地认识思维导图呢？在《何以有效》一章中，我们对思维导图的本质进行了探讨，在此我们结合左右脑加工理论对思维导图重新做一次全面“体检”，足以让“惊喜”的人冷静下来，让“担心”的人兴奋起来。

思维导图是为了改善线性笔记、克服线性思维束缚而发明的笔记工具，同时它又具有了思维激发、思维整理并将思维过程可视化的特性，它可以有效帮助我们去理解和记忆知识，能够在一定程度上提升我们的学习力，有效地管理我们混乱无序的思维，让思维变得高效。

无论如何，思维导图的发明是一个不小的成就，我们要学会正确地认识它，运用它，发展它，更好地为我们的学习和生活服务。如果你之前还没有接触过思维导图，那么你要认真地读一读，静下心来画一画，感受它的魅力；如果你曾经学过或者画过思维导图，甚至有质疑，你也要好好地看一看，用批判性思维来反思，用发散性思维来思考。

本章要点

1. 人们通常以“左右脑分工理论”来作为思维导图的理论基础，强调思维导图是右脑开发工具，能最大限度上发挥人脑潜能，这是具有较大争议的。
2. “神经神话”主要包括右脑人神话、大脑关键期理论、莫扎特效应、大脑 10% 论断、睡觉也可以学习等，这些都是由于脑科学研究自身的局限性导致的，或是对神经科学研究成果进行错误理解和解释推论导致的。
3. 尽管不能用与“神经神话”相关的理论解释思维导图，但也不能因噎废食，就此摒弃思维导图。因为思维导图本身的有效性已为实践所证明，我们应该批判地继承，合理地应用。

本章参考文献

[1] 何克抗. 创造性思维理论：DC 模型的建构与论证 [M]. 北京：北京师范大学出版社，2000.

[2] 姜永志. 教育神经科学的理论与实践 —— 从“实验室”到“教室”的学习科学 [J]. 开放教育研究，2013(3): 71-77.

[3] 经济合作与发展组织. 理解脑 —— 走向新的学习科学 [M]. 北京师范大学“认知神经科学与学习”，国家重点实验室脑科学与教育应用研究中心，译. 北京：教育科学出版社，2006: 64-72.

[4] 理查德· 格里格，菲利普· 津巴多. 心理学与生活 [M]. 人民邮电出版社，2004: 58-60.

[5] 王亚鹏，董奇. 基于脑的教育：神经科学研究对教育的启

示 [J]. 教育研究，2010(11). 42-46.
[6] 佘燕云，杜文超 . 教育神经科学研究进展 [J]. 开放教育研究，2011 (4). 12-22.
[7] 周加仙 . “神经神话”的成因分析 [J]. 华东师范大学学报：教育科学版，2008(3): 60-64.

第二十二章 合理期待——思维导图的应用效果

看完思维导图背后的众多“神经神话”之后，估计不少读者都倒吸了一口凉气。劣币驱逐良币的现象无处不在，思维导图领域也不例外。罗辉（2011）在其所著《打开智慧的魔盒——思维导图、概念图应用宝典》一书中更是用了“乱花渐欲迷人眼”“故弄玄虚误大众”等来形容这一乱象及其带来的危害。面对这种乱象，学习者既不能轻信，也不能因噎废食，由于上了虚假宣传的当就弃之不用，真正要做的是透过现象看本质。只有还原思维导图的本来面目，才能实现理性对待、科学应用，从而达到为我所用的目的。

本章将通过分析思维导图“有用”的条件，讨论思维导图的“能”与“不能”，以及从思维导图新手向高手迈进的过程，从而帮助大家对思维导图建立起合理的期待。

有“用”才“有用”

在给中国人民大学附属中学第二分校原副校长杨艳君的著作《思维导图——中学生学习方法导航图》一书作序时，我曾这样写到：

经过十余年的研究和实践深入，思维导图在中国已不像当年那么陌生了。但纵然如此，我每次在思维导图培训课前所在的现场调查显示，知之者十不足一，用之者百不足五，受益者百不足二。

思维导图，被誉为“大脑使用说明书”和“思维工具中的瑞士军刀”。既然思维导图这么好，那又是什么阻碍着它“走入寻常百姓家”，并进而成为学习者的亲密伙伴呢？经过观察、交流和反思，我发现有三种人未能从“知之者”成为“好之者”和“乐之者”并最终成为“受益者”。

第一种是“不以为奇而不屑”者。这类人看到思维导图和过去自己常常使用的大括号很相似，就觉得思维导图不过如此，认为其不过是某些人为了宣传制造的噱头。实际上，我们常常使用的大括号主要是体现整体与部分关系的简单图示，思维导图因其使用了图形、符号、代码、颜色、线条等各种辅助手段，在思维激发和思维整理上的功能大大超过了传统的大括号，在艺术性方面也更胜一筹。加上各种思维导图软件的助阵，其功能更是得到了大大的拓展。

第二种是“高期望而失望”者。这类人是从各种铺天盖地、令人眼花缭乱的宣传中知晓思维导图，而在这些宣传中，思维导图被包装为“包治百病”的灵丹妙药。培训机构扯起大旗，声称他们思维导图培训班可以激发学员潜能，帮助学员掌握使用大脑的终极秘籍，使学员成为“全世界最聪明的人”，甚至获得“超意识”等。学习者在使用一段后未能获得预期“疗效”而弃之不用。

第三种是“苦修未得正果”者。这类人投入了很大的热情和精力去应用思维导图，但由于缺乏对思维导图的科学认识和合理的使用方法，效果始终处于不明显状态，虽“不离不弃”却也“找不到继续爱它的理由”。

很多人问我，思维导图真的有用么？我常常回答，如果你觉得是它“没用”，一定是因为你没“用”，有“用”才“有用”。要想让思维导图真正地帮到你，你要做的就是在实践中不断地去使用它，在使用中不断加深对它的认识，进一步不断调整使用的方法。相信只要如此，思维导图和你的合作就会越来越默契，从而成为你学习生活工作不可获取的一部分。

思维导图的“能”与“不能”

前面分析过，概念图和思维导图是两种最典型也最受欢迎的可视化认知工具，因此它们具备可视化认知工具的共同特征。概念图和思维导图作为一种外显的知识制品，解决了大脑工作记忆加工不足的问题，以“外存”补充“内存”，提高了思维加工的质量和效率。另一方面，概念图和思维导图以其非线性结构，更加清晰地表征了概念（思维导图中称为“关键词”）的相互关系，促进了新旧知识之间的融合。（赵国庆等，2005）连接主义学习理论认为，学习就是不断优化脑中的知识网络。（刘菊和钟绍春，2011）而概念构图和思维导图绘制的过程就是对大脑中的知识和想法进行“碎片整理”并“不断优化”的过程。（赵国庆，2012）

认清了概念图和思维导图起作用的机理，也就不难分辨它们的“能”与“不能”。诚然，概念图和思维导图给出了一种实用的知识表示手段，基于这种手段，学习的效率、深度都有所提高，延伸应用到小组讨论、预习、复习、汇报、头脑风暴等，都有不错的效果。但概念图没有解决“按照什么逻辑去表征”的问题，思维导图也没有解决“如何去激发思考”和“如何去整理思维”的问题。它们都只是工具，用好了能发挥很好的效果，没有用好其反面效果也是会有的。事实上，我听到很多人反应，说思维导图是给“聪明人”用的，“聪明人”越用越聪明。这样的提法虽然有失偏颇，但也不是全无道理，这主要是由于“聪明人”脑中已形成了优秀的思维模式，但思维质量不高的人由于大脑中的优秀模式不足，使用概念图和思维导图虽能在一定程度上帮助他们激发和理清思维，但对于形成新的高效模式作用并不大。（赵国庆，2012）

曾有老师提问，无论理科还是文科，是不是都可以按照“是什么”“为什么”“怎么办”“会怎样”的框架来绘制思维导图？这个问题代表了很多思维导图使用者的想法。思维导图是一种以可视化手段支持思维激发和思维整理的工具，但它并没有提供“如何激发”和“如何整理”的思维框架。不同的人使用思维导图的效果不一样，就是因为不同人的思维模式不同。“是什么”“为什么”“怎么办”“会怎样”是 5W1H 思维模式的一个变形，这种模式具有广泛的适用性，但也不是在任何情况下都是唯一和最佳的模式。使用者需要根据实际需要选择合适的框架激发和整理，如思维训练专家爱德华·德·博诺的六顶思考帽（爱德华·德·博诺，2008）和柯尔特思维训练课程（爱德华·德·博诺和彼得·德·博诺，2002）里的 60 个思考工具、SWOT 分析法等，都是非常有效的思维指引框架，每一个都有其适用性。在对一个观点进行评价时，使用 PMI（好处、不足、兴趣点）就比 5W1H 有更好的效果。（赵国庆，2012）

从上面的讨论我们可以发现，思维导图能为思维激发和思维整理提供可视化支持，但不能提供思维模式本身。思维导图作为一种工具，它就具有工具本身的局限性，它的用途和功效因人而不同。这就好像是同一把斧子，在木匠手里可以被用来建造房子，最大限度地发挥它的价值所在，而如果到了一个小偷那里，很可能被用作溜门撬锁的作案工具，也就自然淹没了它真正存在的意义。同样还是一把斧子，在技艺精湛的木匠手里就是攀登事业巅峰的阶梯，而在平庸的木匠手里，可能只能勉强做一些简单的工具罢了。因此，要想更高效地发挥思维导图的功效，从根本上提升思维的质量，对使用者进行思维技能的训练是非常重要，也是非常必要的。（赵国庆，2012）这一点将在后面的《未竟之路》一章中加以论述。

总之，关于思维导图的褒贬不一，我们不能因此而束之高阁，弃之不用，或者奉为圭臬，日夜修炼，前者陷入了“工具无用论”的陷阱，而后者则又掉进了“工具万能论”的深渊，这都是错误的。只有认识清楚它的本质，看到它的价值，才能最大限度地发挥它的威力。

从思维导图高手向思维高手迈进

相信每一位思维导图使用者的终极目标都是“思维高手”而非“思维导图高手”，因为只有思维能力上的提高才能为学习者带来实实在在的收益。那么，学习者何时才

能感受到思维能力的提升呢?

实际上，学习思维导图和学习木工、驾驶等技能型学习一样，都要经历从了解到应用、从应用到受益的过程。如图 96 所示，在使用前，我们很多人的思维处于“无意识的低效”状态，经过一段时间的学习，虽然掌握了思维导图的基本使用方法，但可能并没有太好的效果，这个阶段可称为“有意识的低效”状态；再经过一段时间的感悟，我们掌握思维导图的技巧越来越多，对思维导图的领悟也越来越深，就开始收获思维导图带来的效果了，这时就进入了“有意识的高效”状态；但这不是学习和使用思维导图的终点，应该继续坚持使用，加深感悟，直到感受不到思维导图的存在，也就是说，不会因为软件使用不熟练或因思维导图绘制技巧本身影响使用效果，这时思维导图的使用已经自动化了，即使没有软件的存在，遇到问题时也能自发地在脑中绘制，思维导图的核心思想已经深深地固化成思维模式，此时就进入了“无意识的高效”状态。不同的人达到这 4 个不同阶段的时间是不一样的，会受到练习时间、喜好程度、教师引导等因素的影响。（赵国庆，2012）

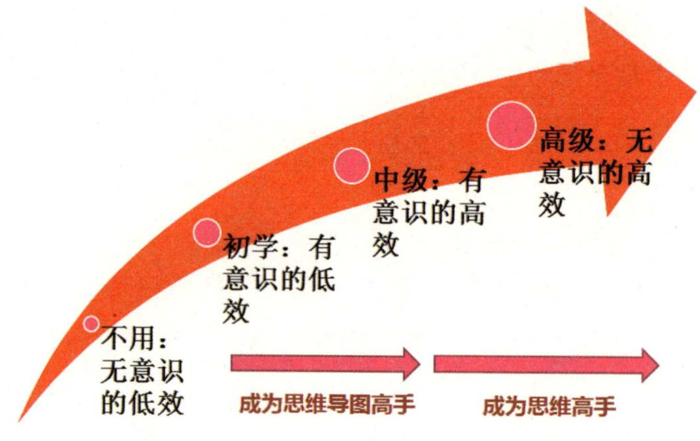

图 96 思维导图学习的阶段图（赵国庆，2012）

我们认为，从“无意识的低效”到“有意识的高效”是成为思维导图高手的过程，从“有意识的高效”到“无意识的高效”才是成为思维高手的过程。

思维导图应用效果的几条结论

前面说过，思维导图的应用效果因人而异，也因应用情境而异。那么怎么用其效果才会更好呢？根据文献调研和实践经验，大体上可以得出以下结论。

用比不用好

哪怕只是把目录照搬一遍，只要绘图者在绘图时思考了各章节之间的关系，都能在一定程度上促进绘图者对内容整体结构的把握。

画比看好

看图是接受，而画图则带有创造的成分，画图比看图承载了更多的认知投入。

填充比看和画好

填充思维导图要求较强的认知投入。

改比画和看好

改图一方面需要仔细思考原图的每一个细节，还需要对内容和结构进行差错分析，这种方式既保证了充分的认知投入，又能帮助学生建立起整体感。

坚持用比偶尔用效果好

只有在思维导图本身运用非常娴熟的情况下，才能将注意力真正放到思维上，偶尔用训练的是思维导图，坚持用训练的是思维。

效果不佳的原因

思维导图使用效果不佳的原因可能有 4 种：用错了，用少了，用偏了，期望太高了！

“用错了”是常犯的错误，譬如把绘制思维导图当成画画，只做思维激发，不做思维整理等。

“用少了”自然难以有所收获，因为还没能从“训练思维导图技能”过渡到“训练思维技能”的阶段。

“用偏了”是指用思维导图去做一些思维导图并不擅长的事，譬如对“概念体系的整理”这一概念图最为擅长的任务类型，思维导图就显得力不从心。

“期望太高了”，譬如指望通过思维导图让自己的记忆力提升 100 万倍，通过思维导图让自己成为最聪明的人等。

总而言之，我们需要消除对思维导图的不合理期待，树立对思维导图的合理期待，才能理性运用，从而让其充分发挥真正的用途。

本章要点

1. 思维导图不是万能的，不能提供思维模式本身。
2. 思维导图的使用效果和使用的方式、使用的时间长短以及使用者自身的思维模式等都有关系。
3. 思维导图使用者在不同的阶段可以有不同的关注焦点，以便于应用水平的提升。
4. 思维导图应用效果的几条普适结论包括：用比不用好，画比看好，填充比画和看好，改比画和看好，坚持用比偶尔用好。
5. 应用思维导图没能取得理想效果的原因不外乎有 4 条：用错了，用少了，用偏了和期望太高了！

本章参考文献

[1] 爱德华·德·博诺．六顶思考帽 [M]. 冯扬，译．太原：山西人民出版社，2008.

[2] 爱德华·德·博诺，彼得·德·博诺．柯尔特教程 [M]. 德·博诺思维训练中心，译．北京：新华出版社，2002.

[3] 刘菊，钟绍春．网络时代学习理论的新发展——连接主义 [J]. 外国教育研究，2011(1): 34-38.

[4] 罗辉．打开智慧的魔盒 [M]. 北京：清华大学出版社，2011.

[5] 赵国庆．概念图、思维导图教学应用若干重要问题的探讨[J]. 电化教育研究，2012(5): 78-84.

[6] 赵国庆，黄荣怀，陆志坚．知识可视化的理论与方法[J]. 开放教育研究，2005(1): 23-27.

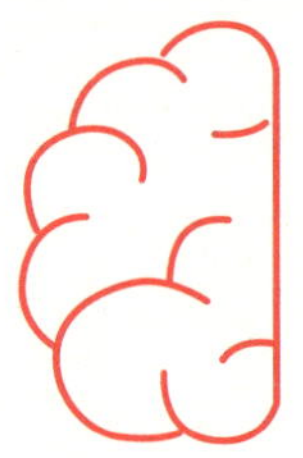

第二十三章
未竟之路
——从思维导图到思维训练

上一章我们讨论了思维导图的应用效果，期望帮助读者建立对思维导图的合理期待。思维导图能够帮助人们激发思维和整理思维，但由于思维导图并不提供思维模式本身，因而无法提供如何激发和如何整理这类问题的答案。现实中，我们发现学习使用思维导图软件不是难事，难的是不知道拿它画什么。

思维导图不是万能的，为了解决更深层次的问题，我们需要从思维可视化向思维训练进发。本章将为您简单分析思维训练的本质、三大导向和三大阶段，并简要介绍思维训练的课堂形态——思维教学。

什么是思维训练——思维训练的本质

思维模式是外在刺激在大脑中形成的相对稳定的映射，思维模式对人类思考至关重要。一方面人们依赖于模式，因为如果不借助于某种模式，人们就只能通过摸索前行，或者非常低效，或者异常困惑。另一方面思维模式系统具有“先占先得”的特征，我们在学习某些知识的时候，同时也在大脑中不断筑起抵御其他知识的墙（模式）。譬如两位学习者分别看两套完全相同的书，但看书顺序的不同会导致两者知识建构的巨大差异。一个极端的例子是，一位学习者先学习唯物主义哲学后学习唯心主义哲学，另一位先学习唯心主义哲学再学习唯物主义哲学。可能发生的情况是前者用唯物主义当工具

批判唯心主义，后者则使用唯心主义当工具批判唯物主义。（赵姝和赵国庆等，2012）

可以将思维训练定义为一项帮助人们形成高效思维模式，并在必要的时候打破已有模式形成新的思维模式的技术。（赵姝和赵国庆等，2012）

思维训练更准确的提法是“思维技能训练”。传统的教育观更加强调“思维能力培养”，但思维能力是思维技能娴熟运用后表现出来的综合素质，具有综合性、抽象性的特征，教师在教学时难以选择合适的培养手段，学生的思维能力产出也难以观察。（赵姝和赵国庆等，2012）按照思维训练大师爱德华·德·博诺的观点，思维如同运动，是一项可以通过不断地学习而逐渐被掌握的技能。将思维看成是一种可以训练的技能，在教育教学中具有很强的可操作性。（Edward de Bono，2010）

思维技能训练和思维能力培养是密切相关的。技能是能力的细节支撑，能力是技能娴熟运用后的综合表现。可以认为，没有技能就没有能力，思维技能训练的最终目标是思维能力的全面提升，而要提升思维能力，思维技能训练是非常重要的实现手段。

思维训练训练什么？——思维训练的 3 大导向

思维训练到底该训练什么？一个基本观点是训练学生的高级思维能力。一般将高级思维能力等同于高级认知能力。根据布卢姆的认知目标分类，知识、理解和应用属于低阶认知能力，而分析、综合、评价则属于高阶认知能力（见图 97）。（布卢姆，1986）2001 年，安德森等人对布鲁姆的认知目标分类进行了修订，其中重要的变化是将“知识”改成“记忆”（这主要是处于词性统一的考虑），将“综合”改成“创造”，并与“评价”换位。从这里可以看出，分析、评价、创造属于高阶认知能力（见图 98）。（布卢姆，1986）进一步分析可以发现，分析和评价更多的是“求真”，带有更多的批判性思维成分，创造更多的是“求新”和“求异”，带有更多的创造性思维成分。（赵姝和赵国庆等，2012）

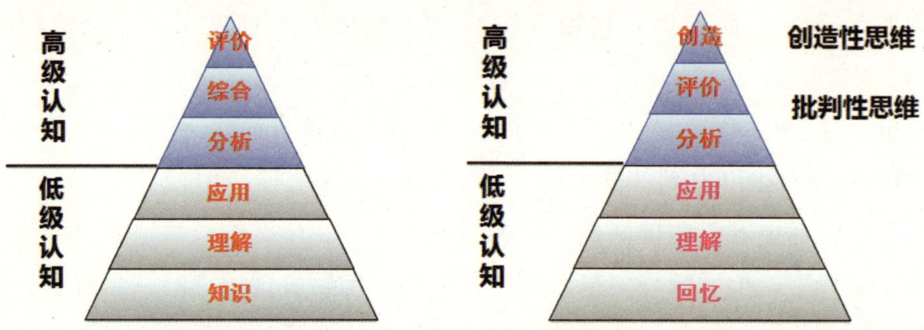

图 97　布卢姆认知目标分类 56 版（布卢姆，1986）　图 98　安德森认知目标分类 01 版（安德森，2008）

2007 年，马扎诺提出了人类学习模式图，将学习描述成思维系统作用于知识系统的过程。而思维系统由认知系统、元认知系统和自我系统组成（见图 99）。（Marzano，1988）自我系统是学习的总开关，当有新任务到达时，自我系统决定是否介入，如果介入，则调用元认知系统指挥认知系统处理知识，否则就继续当前的行为。（赵姝和赵国庆等，2012）

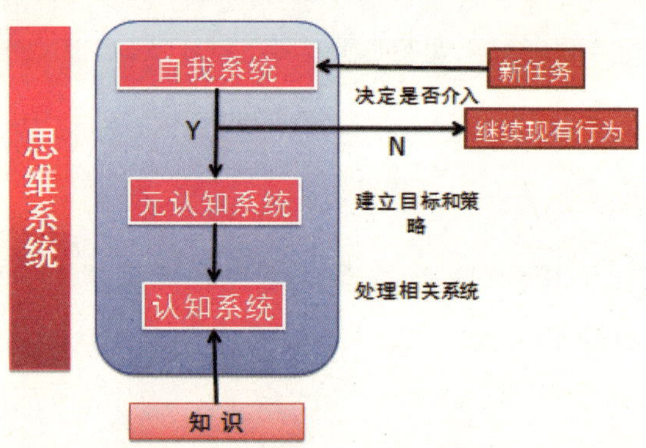

图 99　马扎诺的人类学习模式图（Robert J.Marzano，1988）

马扎诺的学习模式图告诉我们，如果自我系统关闭，再好的元认知能力和认知能力都只能闲置。因此，一个好的教师需要勇于在学生的自我系统训练上做更多的投入，让学生喜欢学习某一知识比把知识教会更有价值。这里将促使学习者的自我系统工作的思维机制称为“积极性思维”。加上上文提到的批判性思维和创造性思维，构成了思维训练的 3 大导向，这 3 类思维各有所长，但又互相交叠，互相促进。（赵姝和赵国庆等，2012）

如何训练思维？——思维训练的 3 大阶段

为了提高思维技能训练的可操作性，可以将其划分为隐性思维显性化、显性思维工具化和高效思维自动化 3 大阶段（如图 100 所示）。通过这 3 个阶段的训练，可以帮助人们形成有效的思维模式，并形成在必要的时候打破已有模式形成新的思维模式的能力。（赵姝和赵国庆等，2012）

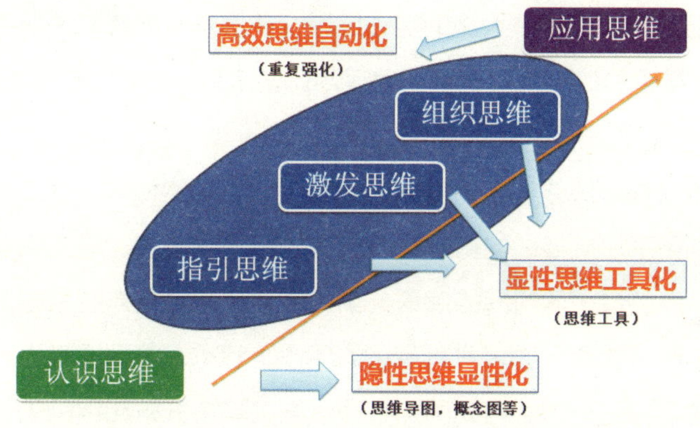

图 100　思维训练的 3 大阶段（赵姝和赵国庆等，2012）

隐性思维显性化

隐性思维显性化是指应用可视化认知工具（思维导图、概念图、思维地图等）将思维过程和思维结果呈现出来，促进思考者观察反思的过程。

思维是外部世界通过感官对内部世界（人脑）的一个非对称性映射，思维活动发生于人脑内部，具有抽象性、非线性和内隐性，并且瞬息万变，难以把控。因此，将内隐的思维过程信息显性化对有意识训练思维的活动具有特别的意义。（赵姝和赵国庆等，2012）

显性思维工具化

显性思维工具化是指运用思维工具来引导、矫正思维进程，帮助思考者应用高效思维方法并形成相对稳定思维模式的过程。

这一阶段的主要目的是对显性思维过程进行“引导”和“改造”，这实际上是进一步梳理信息的内部提取，提供可视化信息的重构、整合的处理手段的阶段。通过有形的思维工具的干预，打破已有低效或存在偏差的思维模式，塑造科学高效的思维模式。该阶段思维工具主要分为 3 大类：思维指引工具（焦点引导，又称注意力指引）、思维激发工具（想法的生成）和思维组织工具（结构化思维与整合）。（赵姝和赵国庆等，2012）

高效思维自动化

高效思维自动化是指通过大量的实践练习，在思考者熟练掌握思维工具之后能够在不需要选择思维工具的情况下无意识地运用这些工具，达到自动化效果的过程。（赵姝和赵国庆等，2012）

在接受思维技能训练之前，大多数人处于“无意识的低效”状态，经过一段时间的学习，虽然掌握了思维技能的基本使用方法，但效果一般，该阶段可称为“有意识的低效”状态；再经过一段时间的感悟，学生掌握的思维技巧越来越多，对思维技巧的领悟也越来越深，就逐步进入“有意识的高效”状态；等到通过大量的训练之后，加深感悟，学习者在无意识中自动选择某种思维工具来分析和组织知识时，这些思维技巧已经深深地固化成思维模式，则进入“无意识高效”状态。（赵国庆， 2012）在该阶段中，高效思维自动化指的就是这种“无觉高效”状态。要想达到这一阶段，必须在学习、生活和工作中频繁使用前面两个阶段学习到的思维技能，在学校教学中将思维方法融入学科教学是有效促进思维技能迁移和自动化的有效模式。（赵姝和赵国庆等，2012）

思维训练的课堂形态——思维教学

提升学生的思维能力正逐步成为教育教学的核心目标之一。当思维训练成为学校教学的一部分时，可以用“思维教学”一词来替代之。思维教学在 20 世纪初从“潜学”成为“显学”，受到研究者和实践者越来越多的关注。教育哲学层面的理论关注、认知心理学的研究成果以及包括教育在内的实践领域的迫切需求是推动思维教学向前发展的 3 股核心力量。在发展阶段上，思维教学萌芽于 20 世纪初，蓄势于五六十年代，爆发于七八十年代；在区域分布上，思维教学发源于美国，壮大于英美两国的思维教学运动，影响则覆盖全球；在实践取向上，思维教学起源于“授之以竿”的“思维技能”

教学，发展于“授之以饵”的“思维倾向”教学，回归于“授之以渔”的“知识理解”教学。（赵国庆，2013）

用来教授思维的材料或工具可以称为思维教学程序。在英美思维教学运动开展以来，大量的思维教学程序如雨后春笋般涌现。（赵国庆，2013）这些思维教学程序在全球教育改革中正发挥着越来越重要的作用。

限于本书的主题和篇幅，本书写到这里也该停笔了。从思维导图到思维训练是一条未竟之路，对思维训练感兴趣的读者可以参考我近年发表的《思维训练——技术有效促进学习的催化剂》（赵姝和赵国庆，2012）、《思维教学研究百年回顾》（赵国庆，2013）和《经典思维教学程序的分类、比较与整合》3 篇论文（赵国庆，2013），我也将努力继续探索前行。

本章要点

1. 思维训练是一项帮助人们形成高效思维模式，并在必要的时候打破已有模式形成新的思维模式的技术。
2. 积极性思考、创造性思考和批判性思考是 3 种核心的高级思维能力，也是思维训练的三大导向。
3. 思维训练可以分为 3 个阶段来完成：隐性思维显性化、显性思维工具化和高效思维自动化。
4. 隐性思维显性化是指使用可视化认知工具将思维过程和思维结果呈现出来，促进思考者观察反思的过程。思维导图、概念图、思维地图等可视化认知工具是实现隐性思维显性化的有效工具。
5. 显性思维工具化是指运用思维工具来引导、矫正思维进程，帮助思考者应用高效思维方法并形成相对稳定思维模式的过程。
6. 高效思维自动化是指通过大量的实践练习，在思考者熟练掌握思维工具之后能够在不需要选择思维工具的情况下无意识地运用这些工具，达到自动化效果的过程。
7. 学校中的思维训练可以称为思维教学，用来教授思维的材料或工具可以称为思维教学程序，大量涌现的思维教学程序正在教育教学改革中发挥着越来越重要的作用。

本章参考文献

[1] Edward de Bono. Think: Before It's Too Late.Random House UK[R]. 2010(4).

[2] ROBERT J, MARZANO. Dimensions of Thinking: A Framework for Curriculum and Instruction[M].Assn for Supervision & Curriculum, 1998.

[3] 安德森．学习、教学和评估的分类学：布卢姆教育目标分类学[M]. 皮连生，译．上海：华东师范大学出版社，2008.

[4] 布卢姆．教育目标分类学第一分册（知识领域）[M]. 罗黎辉，译．上海：华东师范大学出版社，1986.

[5] 赵国庆．思维教学研究百年回顾[J]. 现代远程教育研究，2013(6): 39-49.

[6] 赵国庆．经典思维教学程序的分类、比较与整合[J]. 开放教育研究，2013 19(6): 62-72.

[7] 赵姝，赵国庆，徐宁仪，等．思维训练——技术有效促进学习的催化剂[J]. 现代远程教育研究，2012(4): 28-34.

附录
思维导图软件简易操作指南

我们常见的思维导图有手绘和软件绘制两种方式，用软件绘制思维导图更加方便、快捷，并且修改起来更加自由、简单。思维导图软件有很多种，例如，有iMindMap、MindManager、MindMapper、FreeMind、XMind、DropMind、NovaMind 等。每一款软件都有它针对的人群，也就是说，这么多思维导图软件，总有一款适合你。其中，最常用的思维导图软件当属iMindMap和MindManager了。被誉为“最漂亮的思维导图软件”的 iMindMap 是思维导图创始人东尼 · 博赞的公司开发的思维导图软件，iMindMap 以如同手绘般的自由线条为主要特点，用它来绘制思维导图时，分支线条灵活，容易修改，操作便捷，同时其具备的 3D 效果给使用者带来绚丽的视觉感受。MindManager 是由美国 Mindjet 公司开发的一款思维导图软件，它直观、友好的用户界面和丰富的功能，能帮助人们整理思维、资源和项目进程，在商业、经济等领域有着广泛的应用，是目前使用人数最多的思维导图软件。

附录 1　使用 iMindMap 绘制思维导图

iMindMap6 是 iMindMap 各版本中比较新但相对比较稳定的版本，我们以一个简单的“水果”的思维导图为例，讲解如何使用 iMindMap6 一步步制作一个精美的思维导图，如图 1 所示。

图 1 “水果”思维导图示例

一、绘制思维导图

1. 确立中心主题

Step 1 下载并安装 iMindMap 软件后，在桌面上双击图标打开软件。

Step 2 打开 iMindMap 软件后，首先看到如图 2 的开始界面。在这里，可以创建一个新的思维导图（也可以直接打开你最近已经创建过的思维导图）。

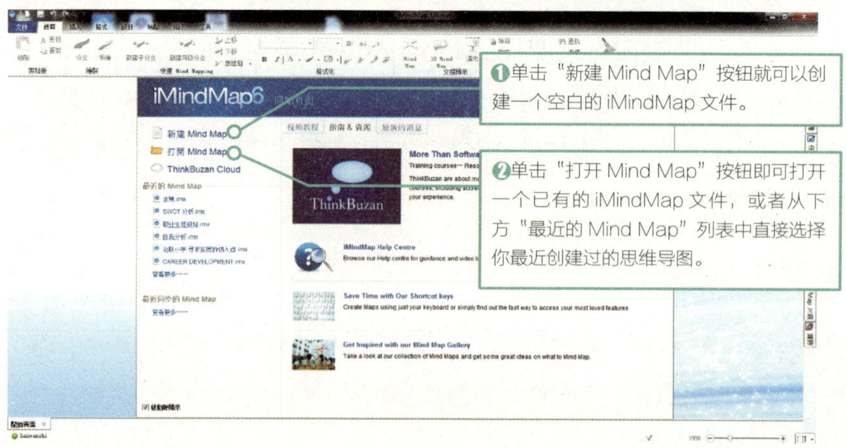

图 2 在开始界面中新建 iMindMap

Step 3 单击“新建 Mind Map”按钮之后，从如图 3 所示的界面中选择一个与主题相符的中心主题图案。

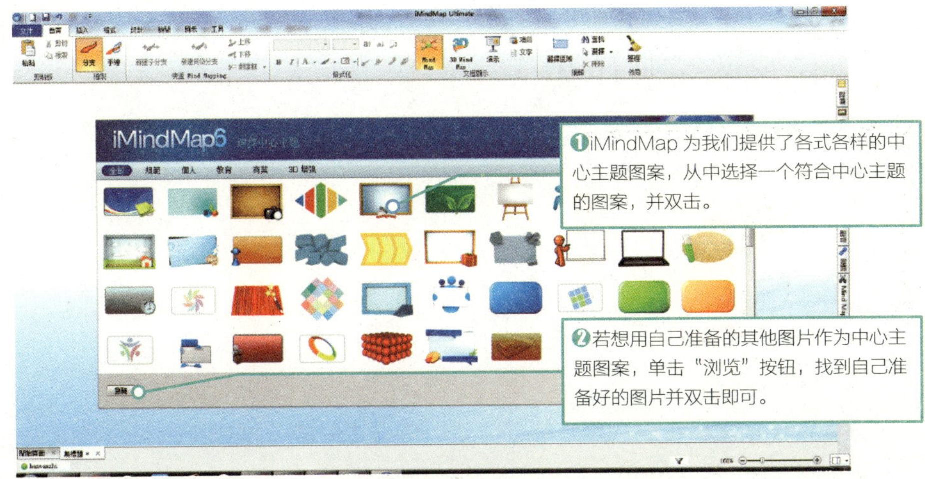

图 3　选择中心主题图案

Step 4 选中图标后双击，就会进入以此图案为中心的编辑界面，如图 4 所示。

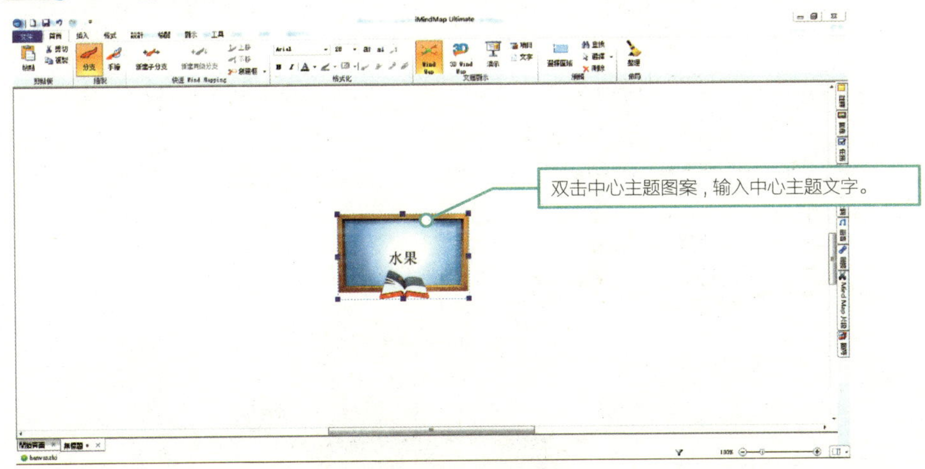

图 4　在编辑界面中修改中心主题文字

需要注意的是，在输入中心主题文字过程中，如需另起一行，则需按住键盘中“Ctrl”键的同时按“Enter”键。输入文字后可拖动图案四周的控制点调整其大小。

2. 创建分支

（1）创建主分支

Step 1 按照思维导图绘制的步骤，下面开始创建主分支。将鼠标指针移动到中心主题中心处，会出现如图 5 所示，类似“靶子”的形状。

❶单击红色“靶心”并按住鼠标左键向外拖动，就可以绘制一条主分支，拖动到合适的位置后释放鼠标左键即可完成一条主分支的创建。

❷重复操作，创建多条不同颜色的分支。

图 5　创建主分支

其中，按住鼠标左键拖曳红色部分可以创建主分支，拖曳橙色部分可以添加末尾有文本框的分支，拖曳绿色部分可以绘制关联线条。

若想要删掉某一分支，首先单击选中想要删除的分支，然后在该分支上单击右键，在弹出的下拉菜单中选择“剪切”命令，或者直接按键盘上的“Delete”键删除即可。

Step 2 双击分支会出现带有光标的文字框，输入分支上的文字，如图 6、图 7 所示。

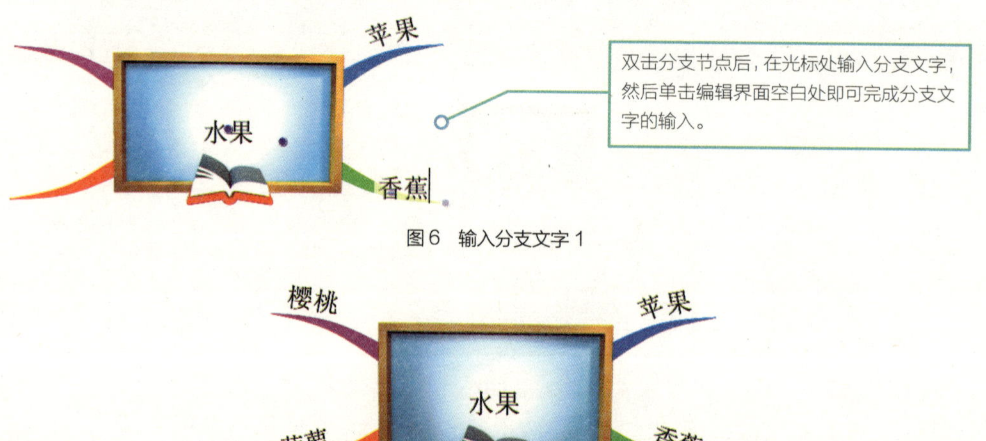

图 6　输入分支文字 1

图 7　输入分支文字 2

（2）创建子分支

Step 1 将鼠标指针移动到某一分支节点末端，单击拖曳红色部分创建子分支，如图 8 所示。

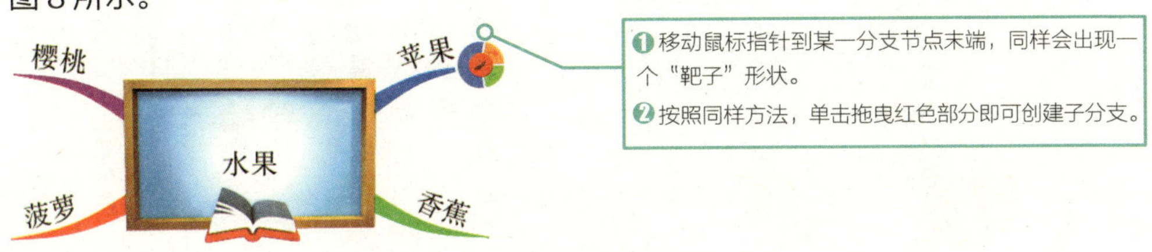

图 8 创建子分支

Step 2 按住鼠标左键拖曳蓝色部分可以调整分支的位置，拖曳橙色部分可以调整末尾有文本框的分支位置，拖曳绿色部分可以调整关联线条的位置。思维导图初步完成，如图 9 所示。

图 9 思维导图初步完成

如果发现两条分支之间存在关联关系，则可以按住鼠标左键拖曳其中一条分支末端“靶子”的绿色部分到另一条分支上，即可建立这两条分支之间的连线。

3. 美化思维导图

（1）添加节点图片或图标

单击选中需要添加图片或图标的节点，然后在软件界面最右侧的选项卡列表中选择“图像”或“图符”选项卡，在出现的图像浏览器中找到要插入的图片或图标，单击该图片或图标即可在该分支上添加成功，如图 10、图 11 所示。

图 10　选择分支图片

图 11　选择分支图标

在图 10 中，选择“查找”选项卡，在其中可以用关键词搜索软件中自带的相关图片；选择“浏览”选项卡，找到本地电脑中存放图片的文件夹的位置，即可在下方预览框中显示出该文件夹内所有的图片。

（2）调整节点图片

step 1 可以调整节点上图片的大小、位置和角度，进一步美化思维导图，如图 12 所示。

单击选中需要调整的节点图片，将鼠标指针放置在图片上，当鼠标指针变成十字箭头形状时，按住鼠标左键拖曳该图片即可将其移动至合适位置；拖曳图片四周的蓝色控制点，即可调整图片大小；单击右下角的旋转箭头并按住鼠标左键拖曳，即可旋转该图片。

图 12　调整分支图片

step 2 重复操作，逐一添加并调整图片，得到如图 13 所示的思维导图。

图 13 添加分支图片并调整后的思维导图

（3）调整布局及文字

step 1 调整布局。在软件顶部的“格式”选项卡中，单击“布局”组中的“整理”按钮，即可自动调整分支的布局，如图 14 所示。若需手动调整分支位置，可利用前面介绍的方法，拖曳分支末端“靶子”的蓝色部分，调整各分支位置，进而优化布局。

图 14 自动调整布局

step 2 调整文字。如果思维导图作为演示内容，建议进一步修改文字样式为“微软雅黑”“加粗”，增加思维导图的清晰度和美观性，如图 15 所示。

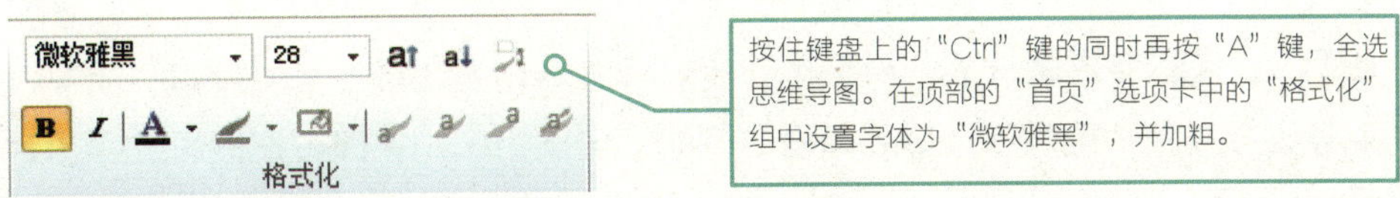

图 15 调整文字

step 3 调整完成后，即可得到清晰美观的思维导图，如图 16 所示。

图 16　思维导图终稿

二、演示或导出

step 1 思维导图绘制完成后，若用于逐个分支的动态演示，在“首页”选项卡中单击“演示”按钮即可，如图 17 所示。

图 17　思维导图演示功能

绘制完思维导图后，可以将思维导图导出为 PDF、图像、Word 文档、幻灯片等多种格式。操作步骤是：选择“文件”→“导出”命令，选择相应的格式即可。

step 2 如果想作为图片插入其他文档中，则可选择“文件”→“导出”命令，再选择导出方式为“图像”，最后单击右侧的“导出”按钮，即可把该思维导图另存为图片，如图 18 所示。

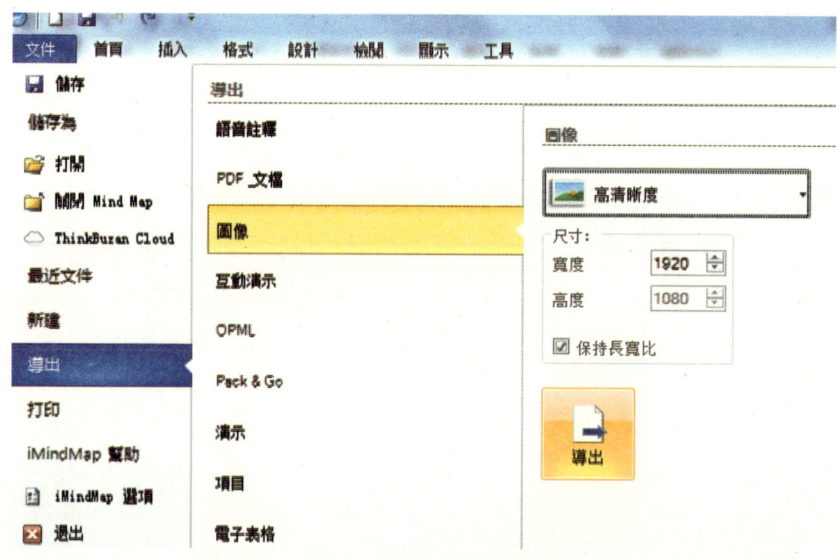

图 18　思维导图导出为图片

附录 2　使用 MindManager 绘制思维导图

我们以“网站规划”的思维导图为例，介绍如何使用 MindManager 专业版绘制一幅如图 19 所示的思维导图。

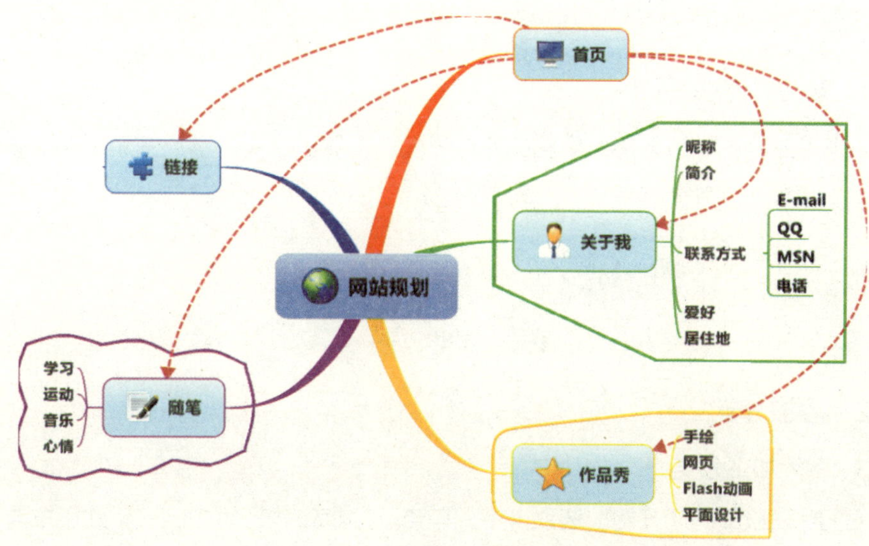

图 19　“网站规划”思维导图

一、新建思维导图

step 1 双击桌面上的图标，或者单击“开始”→“程序”→ Mindjet MindManager 2012 选项启动软件。

step 2 进入主界面后，新建一个空白导图文件，如图 20 所示。

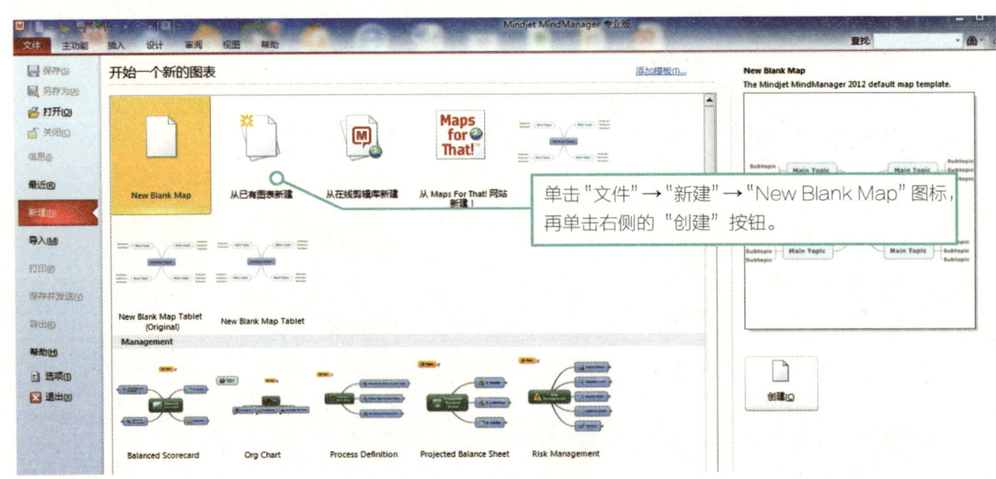

图 20　新建思维导图

二、绘制思维导图

1. 确定中心主题

新建思维导图后进入思维导图的编辑界面，在界面中央的蓝色圆角矩形框内输入中心主题文字，如图 21 所示。

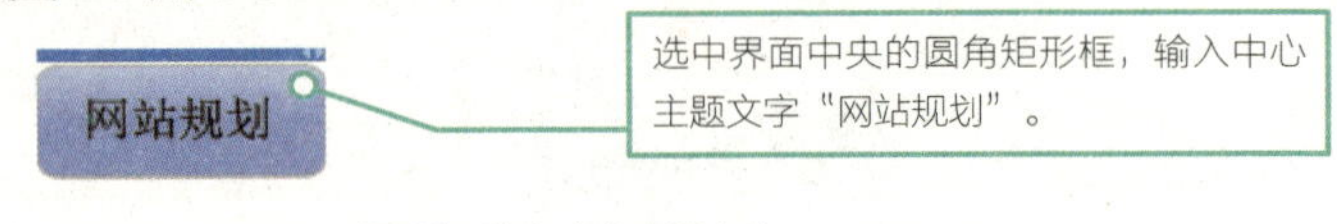

图 21　输入中心主题文字

2. 添加分支

（1）添加主分支

step 1 在顶部的“开始”选项卡中，单击“添加主题”组中的“新建子主题”按钮，为中心主题添加一条主分支，也可以直接按键盘上的“Insert”快捷键实现，如

图 22、图 23 所示。

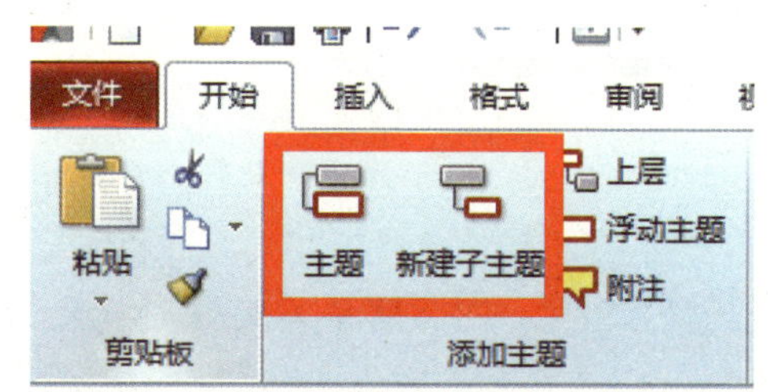

图 22 “新建子主题”和“主题”按钮

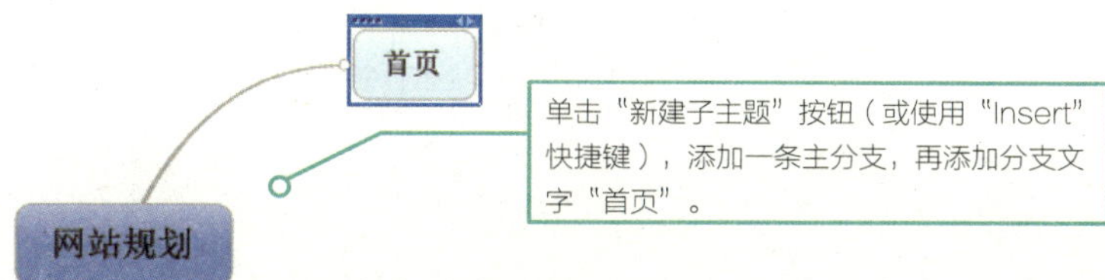

图 23 添加一条主分支

Step 2 在某一分支被选中的状态下，单击“主题”按钮，为该分支添加同级相邻的分支，也可使用快捷键“Enter”实现。

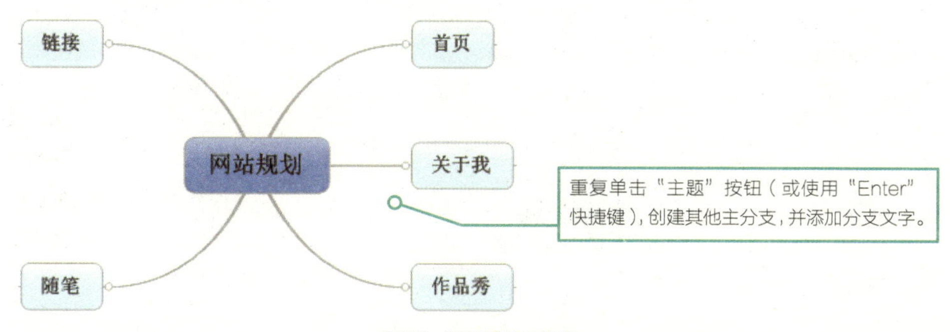

图 24 添加其他主分支

（2）添加子分支

Step 1 单击选中某一主分支，单击“新建子主题”按钮为该主分支添加子分支。

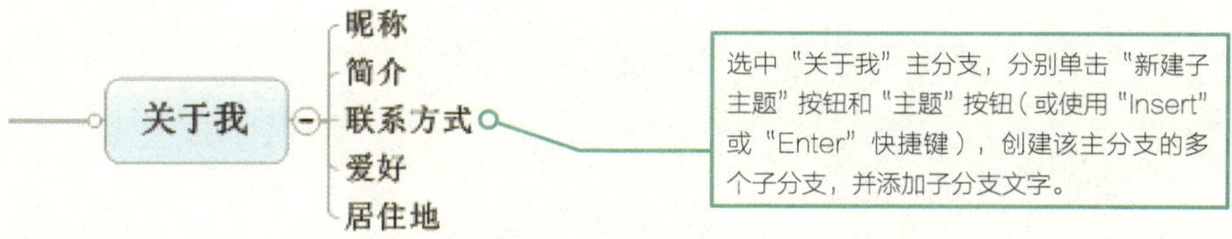

图 25 添加子分支

step 2 重复以上操作，为二级分支添加三级子分支，如图 26 所示。

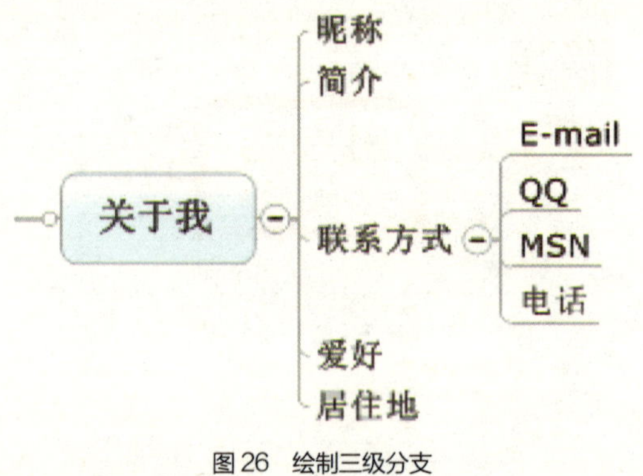

图 26　绘制三级分支

step 3 依次为其他主分支添加次级子分支，完成思维导图的初稿绘制如图 27 所示。

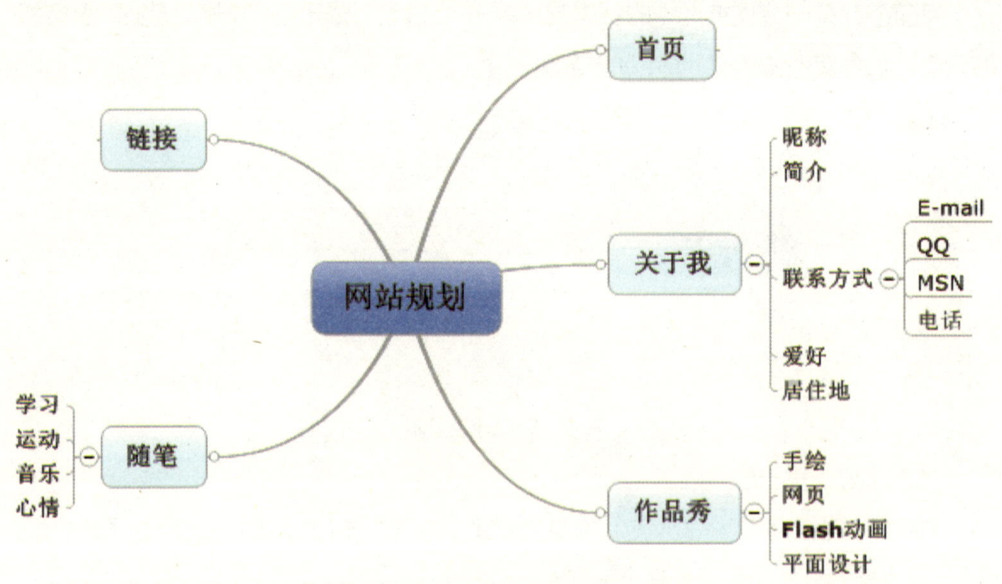

图 27　为其他主干分支绘制子分支

3. 建立节点间的关联

如有必要，可以用箭头为不同分支间的节点建立关联。在“插入”选项卡的“对象”组中单击“关联”按钮，依次单击两个需要关联的节点，箭头将从先单击的节点指向后单击的节点，然后拖曳箭头两端的手柄调节箭头的形状，如图 28、图 29 所示。

图 28 “关联”按钮

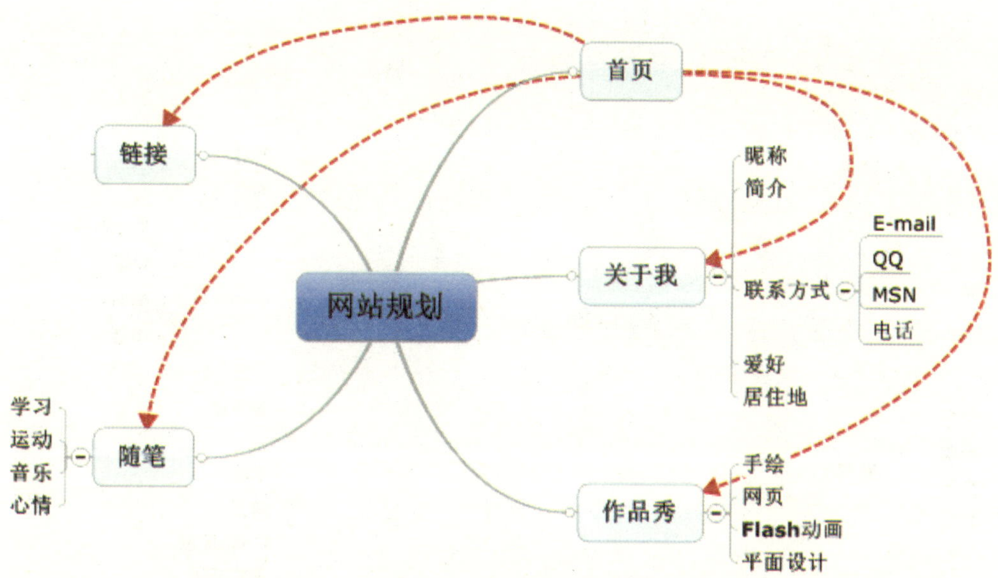

图 29 添加箭头建立关联

三、美化思维导图

1. 调整文字

为了使思维导图更加清晰，尤其是用于演示时使用，需要对文字进行进一步调整美化。

使用快捷键“Ctrl+A”全选思维导图，然后在“开始”选项卡的“字体”组中设置字体样式。如图 30 所示，设置字体样式为“微软雅黑”和“加粗”，得到如图 31 所示的思维导图。

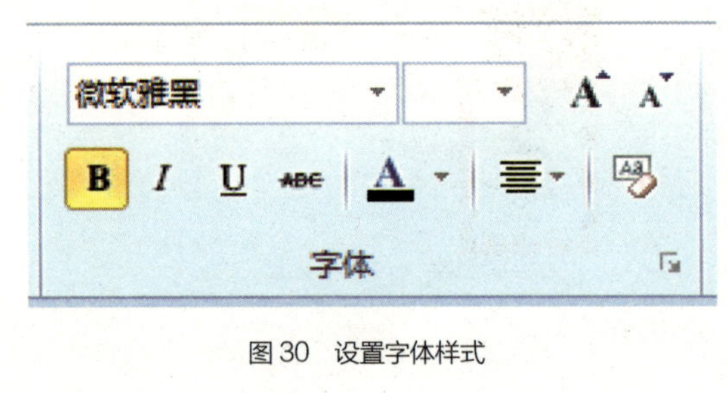

图 30 设置字体样式

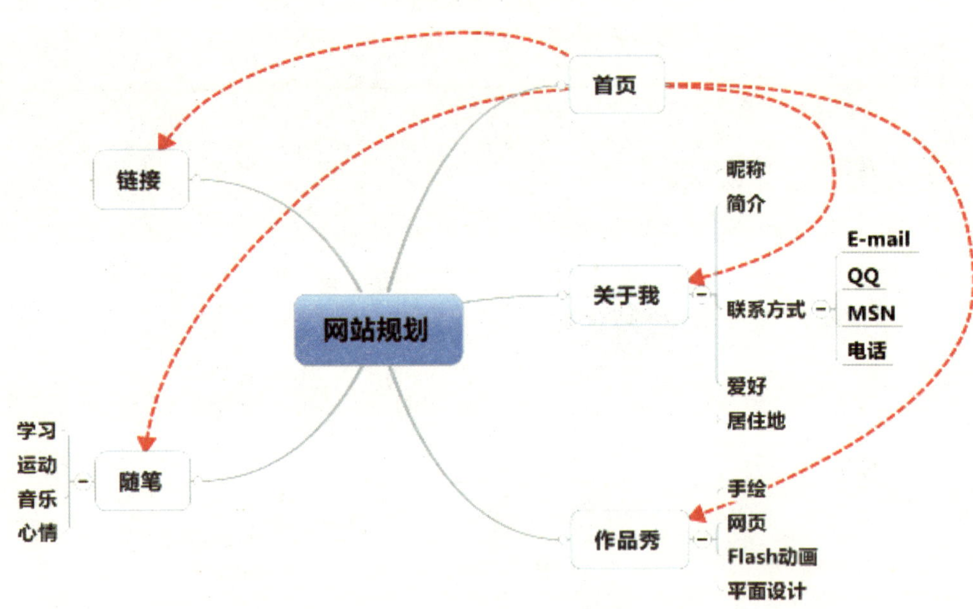

图 31 调整文字

2. 插入图片

为了让导图更加形象生动，需要为各节点添加图片。

添加图片的方式有两种：第一种是从文件，也就是在本地计算机上选择图片；第二种是从软件自带的图库中选择。

（1）插入中心主题图像

插入中心主题图像的操作过程如图 32 和图 33 所示。

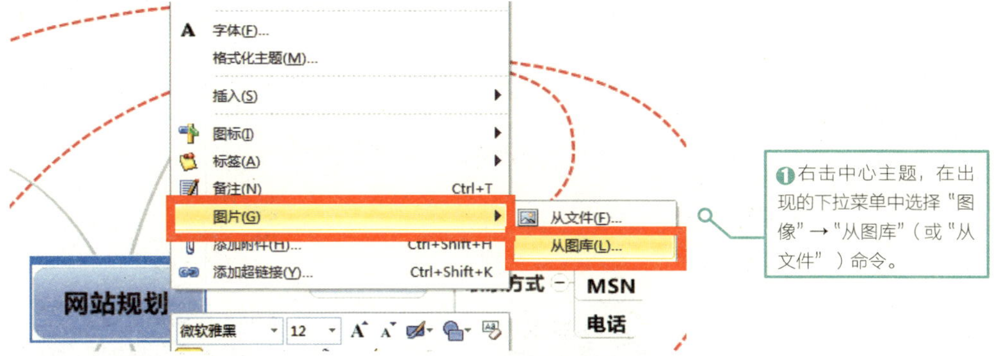

图 32　添加中心主题图像

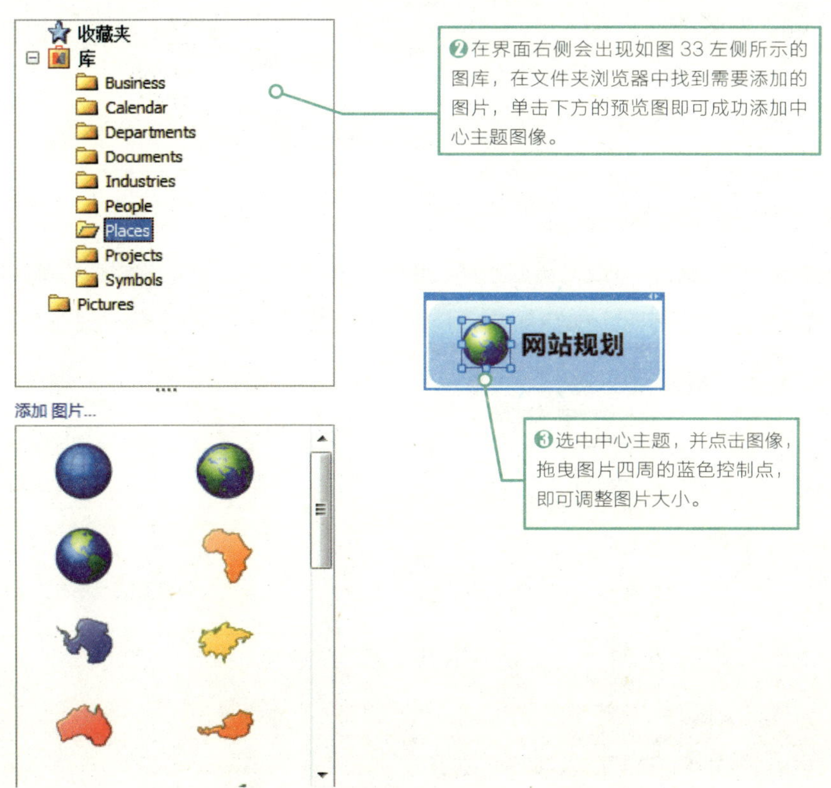

图 33　在图库中选择图标作为中心主题图像

(2) 插入分支节点图像

选中需要插入图像的分支节点，按照图 33 所示的操作，在界面右侧的“图库”中找到合适的图像并插入，然后调整其大小。重复操作，得到如图 34 所示的思维导图。

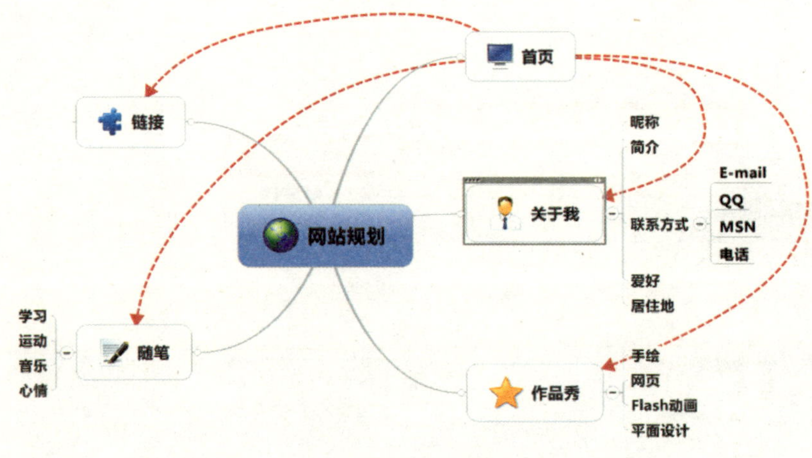

图 34　插入节点图像

3. 美化分支线条

选中某个节点后，可以对该节点所在的分支进行颜色、形状、粗细等美化操作。

step 1 选中“关于我”节点所在的分支，对该分支进行美化，操作步骤如图 35 ~ 图 37 所示。

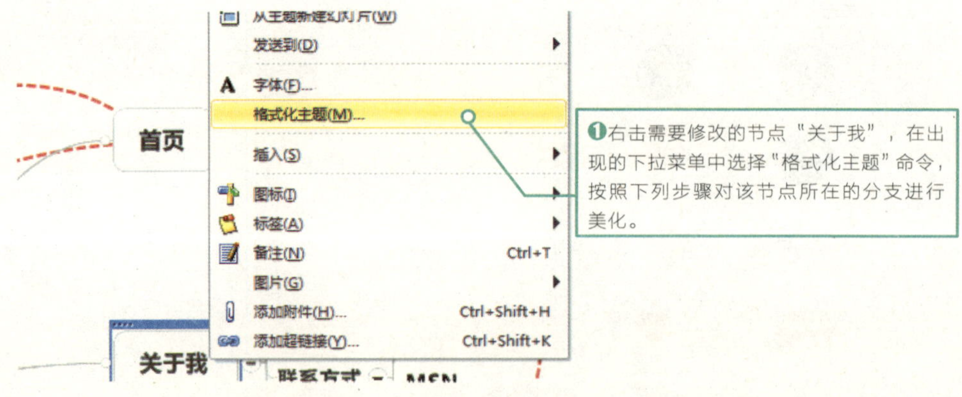

图 35　使用“格式化主题”命令对分支进行美化

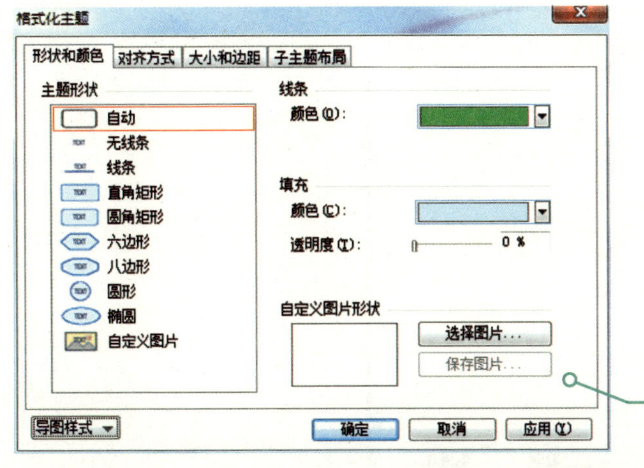

❷在“形状和颜色”选项卡中，设置“主题形状”为默认形状“自动”，该分支线条颜色为绿色，主分支节点的填充颜色为淡蓝色，点击“应用”按钮可以看到修改后的效果。

图 36　设置形状和颜色

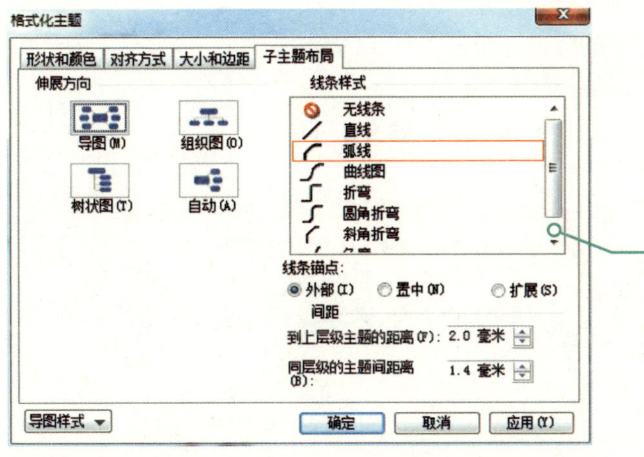

❸在“子主题布局”选项卡中，设置分支的“线条样式”为“弧线”，点击“应用”则可以看到修改后的效果。

图 37　设置子主题布局

step 2 重复以上操作，对其他分支依次进行美化。

step 3 重复图 35 所示的操作，然后右击中心主题，对中心主题进行“格式化主题”设置，修改导图的整体布局，包括主分支线条的线宽等，如图 38 所示。

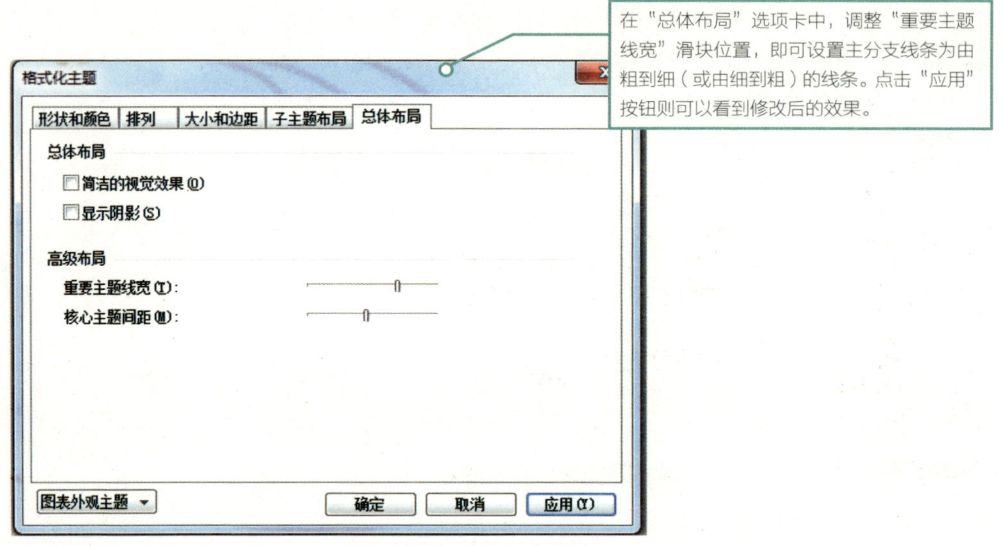

图 38 设置总体布局

最后，我们得到如图 39 所示的思维导图。

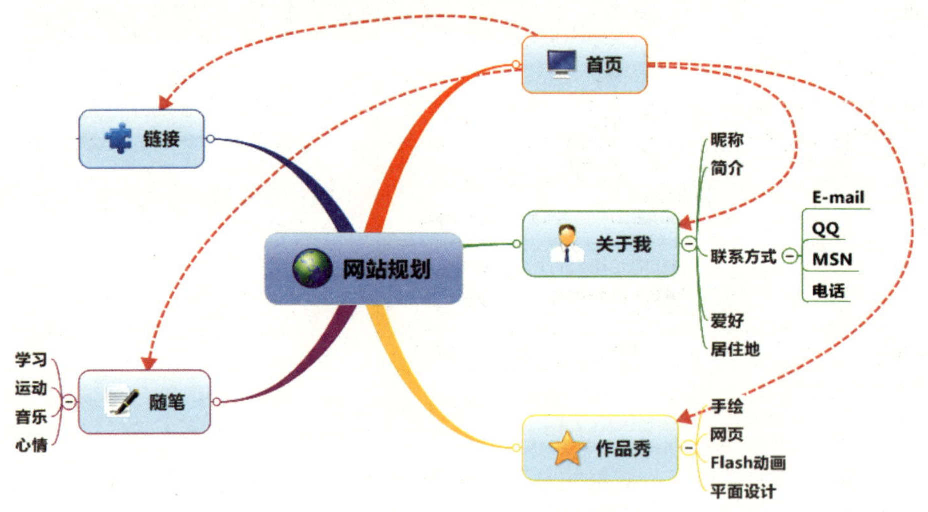

图 39 设置分支线条属性后的思维导图

4. 添加边框

使用“插入”选项卡中的“边界”功能，为该主分支添加边框，如图 40、图 41 所示。

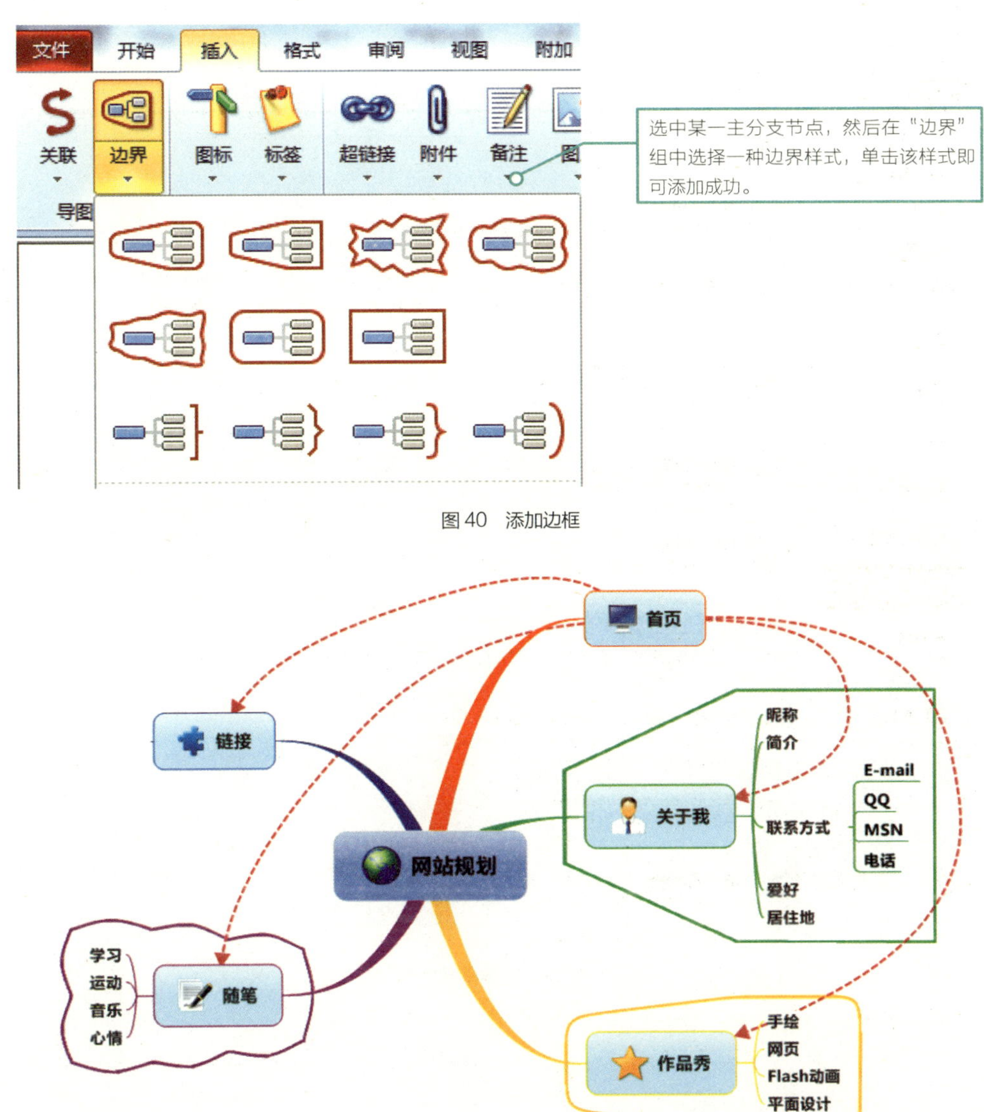

图 40　添加边框

图 41　主分支添加边框效果

四、文件导出

绘制完思维导图后，可以将思维导图导出为 PDF、图像、Word 文档、幻灯片、网页等多种格式。操作步骤是：选择“文件”→“导出”命令，选择相应的格式即可，如图 42 所示。

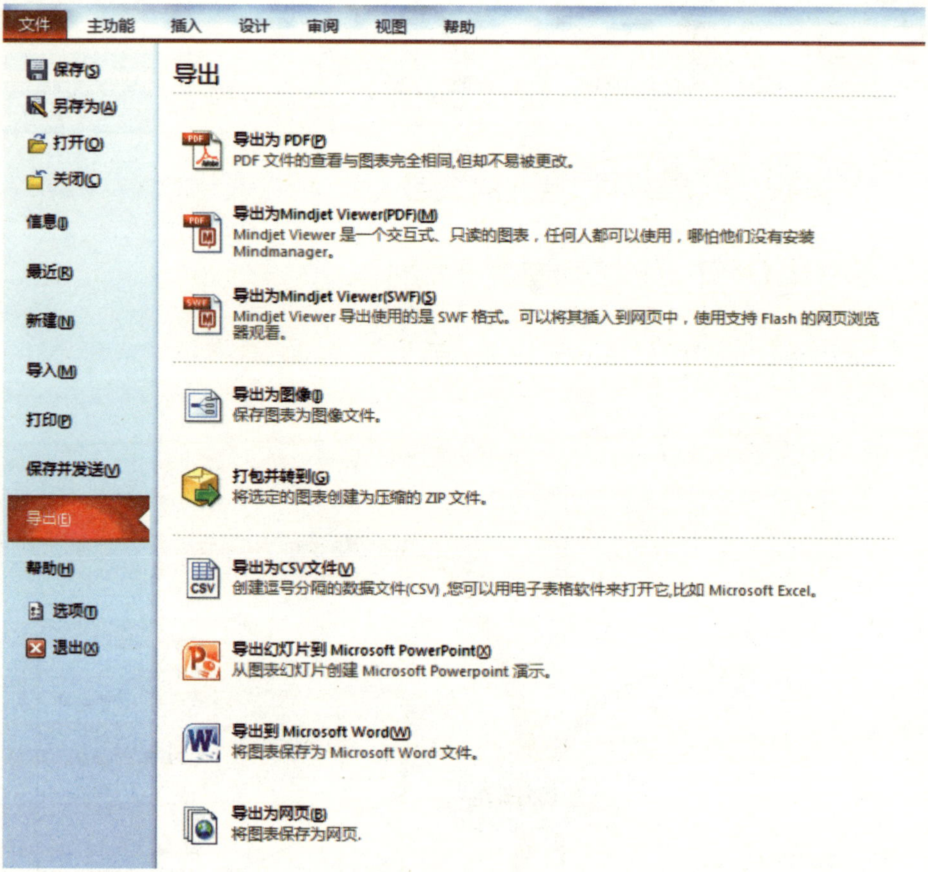

文件 主功能 插入 设计 审阅 视图 帮助

保存(S)
另存为(A)
打开(O)
关闭(C)
信息(I)
最近(R)
新建(N)
导入(M)
打印(P)
保存并发送(V)
导出(E)
帮助(H)
选项(T)
退出(X)

导出

导出为 PDF(P)
PDF 文件的查看与图表完全相同,但却不易被更改。

导出为Mindjet Viewer(PDF)(M)
Mindjet Viewer 是一个交互式、只读的图表，任何人都可以使用，哪怕他们没有安装 Mindmanager。

导出为Mindjet Viewer(SWF)(S)
Mindjet Viewer 导出使用的是 SWF 格式。可以将其插入到网页中，使用支持 Flash 的网页浏览器观看。

导出为图像(I)
保存图表为图像文件。

打包并转到(G)
将选定的图表创建为压缩的 ZIP 文件。

导出为CSV文件(V)
创建逗号分隔的数据文件(CSV),您可以用电子表格软件来打开它,比如 Microsoft Excel。

导出幻灯片到 Microsoft PowerPoint(X)
从图表幻灯片创建 Microsoft Powerpoint 演示。

导出到 Microsoft Word(W)
将图表保存为 Microsoft Word 文件。

导出为网页(B)
将图表保存为网页.

图 42　将思维导图以不同格式导出

后记 继续走在思维导图探索的路上

从2003年第一次接触思维导图以来，隔段时间对思维导图就会有一些新的感悟。从一开始的好奇驱使，到初期的简单应用，到对软件的高度关注，再到对思维本身的关注，我的思维导图探究之旅已经走过了一条长长的路。

在思维导图实践应用和推广的过程中，我发现我原本以为很简单的思维导图教起来却并非那么容易。尤其是在看到学员们（主要是大学生和中小学老师们）绘制的思维导图存在着种种问题时，我深刻地感受到制作出一幅像样的思维导图其实是困难重重的。他们有的不得要领，把画思维导图当成画画；有的照搬目录，没有对内容进行任何层面的加工；还有一些思维导图光彩夺目，但承载的思维却非常混乱。这让我意识到，即便是最简单的东西也依然是“不依规矩不成方圆”。那么，思维导图的“规矩”在哪里呢？或许在大师们的脑海中！可对普通的学员来说，到哪儿去找这些“规矩”呢？因为就连思维导图发明人东尼·博赞本人也不曾将其清晰化。

不仅要知其然，还要知其所以然。这条信念促使我想要搞清楚这些或许被刻意“隐藏”的“规矩”，并搞清楚每一条“规矩”背后的用意以及支撑该“规矩”的原理。经过多年的思考和实践之后，我萌发了写这么一本书的想法，尝试将思维导图的原理和规则显性化，以人人可理解的方式表示出来，从而让更多的思维导图爱好者去学习、应用并获益。

本书的最核心观点是：思维导图的核心不在于“图”，而在于“思维”，更确切地说，思维导图是用“图”导“思维”。只有搞清楚这一点，我们才能找到思维导图的真正用途，才不会因用“软件”画还是用“手绘”，用“词”还是用“句子”，线条画得是否美观等琐碎问题而烦恼。“不忘初心，方得始终”。这句话对绘制思维导图同样适用。因为让思维变得更清晰、更具创造性是我们的“初心”（目标），而形状、线条、颜色、图形、图像等都只是为达成这一目标的手段而已！

本书能够得以完成，要感谢的人实在太多。首先要感谢的当然是思维导图发明人东尼·博赞先生，是他把思维导图带到这个世界并得以持续改变这个世界，学生时代与先生的几次深入交谈让我坚定了思维导图研究的信心。我还要特别感谢我的恩师、北京师范大学教育学部黄荣怀教授，是他把我引入了思维导图和知识可视化研究的学术殿堂，并为我提供了肥沃的学术土壤和宽松的科研环境！特别感谢北京师范大学教育学部周作宇教授，是他用睿智的眼光指引着我前进的方向！特别感谢北京师范大学教务处处长郑国民教授、何丽平副处长、张晓辉副处长和李艳玲副处长，是他们持续十余年为我提供思维课程实施的舞台！感谢北京师范大学校长助理陈丽教授、教师发展中心主任李芒教授和副主任魏红博士给我提供的国际交流以及与国内高校教师交流的平台！特别荣幸的是，本书出版时还邀请到中国教育科学研究院储朝晖研究员和联盟校华成小学郭海英校长为本书作序，也在这里致以诚挚的谢意！

感谢北京师范大学教育学部、教育技术学院以及教育信息技术协同创新中心的领导和同事，是你们长期无条件的支持帮我从雾霾中看到阳光！感谢北京师范大学教育学部思维训练研究中心主任崔光佐教授、温孝东高级实验师和松果阳光（北京）教育科技有限公司吴亚滨研究员，是你们的韧性和坚持让我学会了怎样去努力！感谢十余年来亦师亦友的杨开城教授、董艳副教授、广东省顺德区嘉信西山小学许勇辉主任、西北民族大学教育学院院长沙景荣教授，是您（们）长期以来的欣赏与鼓励激励着我不断前行！感谢京师未名国际教育机构总裁钟嘉宏先生，是您给我带来了快速行动的力量！感谢北京师范大学继续教育学院和北京师范大学教育学部培训学院的全体同事，是您们为我搭建了和中小学教育一线沟通的桥梁！

这本书的完成也凝聚了思维发展型学校联盟每一位校长和老师的心血和智慧，特别是北师大二附中曹保义校长、北师大三附中白继明校长和杨宝华副校长、北师大附中平谷分校董长华副校长、广东省顺德区勒流中学梁利龙校长和张东升副校长、宁夏回族自治区刘桂兰教研员、银川市西夏区华西中学郭钧锋校长、北京市海淀区红英小学陈淑兰校长、北京市海淀区北京医科大学附属小学田国英校长、北京市海淀区西二旗小学李春梅校长、北京市朝阳区兴隆小学李景艳校长、广东省广州市天河区华成小学郭海英校长、广东省广州市天河区华景小学黄瑞萍校长、广东省广州市天河区龙洞小学徐小武校长、广东省广州市海珠区新港路小学潘筱茗校长、广东省广州市黄埔区沧联小学秦少瑜校长、广东省顺德区嘉信西山小学刘宇平校长、陕西省西安市莲湖区星火路小学陈连锋校长、陕西省西安市莲湖区远东第一小学马玲校长，是你们在思维教学实践上的魄力和创新，让我第一时间感受到思维教学对基础教育改革的巨大威力，并促使我有了更强的使命感！

感谢思维训练与学习力提升研究团队的朱嘉副教授、吴金闪副教授、陈惠玲、徐宁仪、董轶男、熊雅雯、沈英俊、韩琬之、张媛媛、王晓玲和王丹，是你们的团队精神和不懈努力让我有了信心和勇气！

感谢北京师范大学教育技术学院 2010 级本科生张金忠同学（现为甘肃省金昌市金川公司第二高级中学教师）在资料收集整理上付出的艰辛劳动！感谢思维发展型学校联盟的同学们为本书提供的精彩案例！感谢慧之光教育张鹏生先生、北京师范大学教育技术学院马秀麟副教授、教育硕士邢俊丽、张玲等为本书提出的宝贵意见和建议！

感谢人民邮电出版社的编辑李莎女士和蒋艳女士，是你们的支持和帮助让这本书得以和读者见面！

……

要感谢的人无法一一列举，感谢每一位支持和帮助过我的人！

写到这里，书稿算是匆匆完成了，但我也不知道有没有真的把思维导图说清楚，至少在写的过程中我自己又多了很多疑问。我深深地感受到，身为使用者、研究者和推广者的我，依然处在探索思维导图本质并发掘思维导图更深入应用的路上，我期待着它不断给我带来新的领悟。这是我独立完成的第一本书稿，由于水平有限和经验不足，书中难免存在一些遗漏、不当甚至错误之处，还望广大读者不吝赐教。

赵国庆
2015 年 1 月 27 日于北京师范大学演播楼